U0015176

LULU 著

LULU

露露胖公主
變身記

從 **70** kg **大肥女**
到當紅**性感**瑜珈天后

6年不間斷和肥胖對抗的變身心路歷程
打開**性感天后lulu**的神奇瘦身魔法盒

上帝保佑，
她對我不要變心⋯

老實說，和Lu Lu從認識到現在，進入第七個年頭了，她的外型，在我這個情人眼裡，真的好像沒有什麼太大的差別，直到最近⋯她為了出版這本書，整理出一些以前的相片，我看了一下，才「猛然驚覺」我對她的這份感情的投入，真可以算是痴情，算是真心，完全是符合了所謂「愛情是盲目」的境界──我對她這七年內的體重變化，竟然是如此的視而不見！

在我心中，Lu Lu永遠是這麼的端莊、美麗、有氣質，不管她是一個小胖妹公主，還是一個曲線玲瓏的瑜珈老師。於是，我虔誠的向上帝禱告⋯不管Lu Lu再怎麼樣的變身，我都欣然而謙卑的接受，只要上帝保祐，她對我永遠不要變心就好⋯

我的禱告是奉主耶穌基督的聖名，阿們！！

減肥是長期抗戰
只有LULU快樂又輕鬆

減 肥絕對是長期抗戰，我減了二十幾年還沒聽過有人是真快樂又輕鬆的，更別提那好不容易掉下來的三公斤是要如何別再回升內？我宿便的救星露露……除了瑜珈外，她所有的減肥方法都在這本書裡，事不宜遲，趕快來看來解決你的困擾吧！

瘦 應該很簡單，
因為我認識了LULU老師！

說 到減肥問我準沒錯！從一出道就一直被所有的工作人員嫌太胖要我立即減肥試過無數的方法，吃、喝、摸、擦有點像以前的神農試百草，到最後不但沒有瘦反而賠掉了『健康』，把自己的生活搞得一團亂！

後來意識到了一點，瘦好像應該很簡單，為什麼呢？因為我認識了LU LU老師！

她的金玉良言跟指導讓我瘦了，而且身體也變得比以前還健康！！她真的是我的救星！現在她也要出來讓你們瘦得健康啦！

所有想瘦的朋友，快去買一本來膜拜吧！

看到我以前的照片
你們一定會更有信心

相信許多人跟我以前的日子一樣，有著肥胖的噩夢。這個夢跟著我大半日子，一直到我大學畢業，我才漸漸甦醒，那個時候的我害怕聽到胖這個字，總覺得別人永遠凝視著我的肥胖，心中暗暗的恥笑我。在別人的面前我沒有自信，在男生的面前更是無地自容，因為我覺得自己不夠漂亮、不夠苗條，更別說穿漂亮衣服…看著正值花樣青春年華的同學們個個都找到自己的心怡男友，而我…只能看著鏡中的自己暗暗自卑。這個肥胖噩夢在我的青春少女期不斷的重複，直到我找到方法；不管是從內心或外在因素，我找到了正確的方法，更因為這些方法我的身心變的更健康，我的世界因此也變的更寬廣，當然，我最敬愛的上帝也是我人生最低潮期的一大幫助，如果沒有祂，我真不知道如何走過那段憂鬱的日子。

出這本書最大的心願就是本著上帝幫助我的心，我也希望能幫助更多更多的朋友們，幫這些朋友們打氣；如果你們看到我以前的照片你們一定會更有信心，因為只有信心以及對的方法才能能戰勝肥胖，我在多次的減重經驗中不斷遭受信心的打擊，旁人的眼光、自己的挫敗等等，更慘的是，當時身為舞蹈系學生的我對於自己的身

材更是覺得不堪入目，而如今這一切慘痛的回憶已經完全的過去，我找到新的人生，一個健康美麗的人生。其實這一切最大的關鍵在於信心，永遠不要放棄自己，在極度絕望甚至憂鬱的同時，我也曾經想放棄自己的外貌及身材，更別提戀愛了…但是在絕望之時，心裡頭那股信心的力量激勵了我，讓我不斷前進，所以如果你已經被慘痛的肥胖夢殘身已久，給自己一個新的目標，你一定可以做到的。

　　當然，你要用對方法，在當舞者的生涯裡我曾經看到許多病態的減重方式，甚至有些人在心態上已經變的不正常，這些都是不健康的，也因為看到這些人的不健康，甚至是我自己，所以才想出這本書來與大家分享自己的經驗。而說到肥胖我常常聽到許多人跟我說他就是天生的胖子，連喝水都會胖，其實如果你有許多的肥胖因子，也就是家族的成員都是易胖體質的人，你更應該把控制體重當成生活的一部份，甚至開心而坦然的接受這個事實，然後將自己的體重在不同的時期設立不同的目標，這樣，你的身體才會持續健康而漂亮。

　　在這本書中我跟大家分享一些秘方及正確的觀念，這些秘方都是我親身的經驗，在此，我也很感謝上帝讓我有這些肥胖經驗，如果不是因為以前的肥胖，我也無法跟大家分享我的秘方。當然，我最愛的瑜珈也是我維持身材的一大秘方，自從與瑜珈結緣後我真的沒有體重控制的困擾，因為每天的運動習慣讓我的新陳代謝正常，雖然年紀一天比一天長，但是我的體重卻是維持在一定的水平，所以如果你要維持身材，瑜珈真的是一大法寶喔！希望透過這本書能讓你們變的更健康美麗，上帝祝福每一個人，因為祂的愛讓我們一天比一天進步！

Contents

Contents

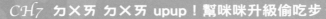

減肥大對抗

胖公主六年不間斷的

Chapter 1

01 ▲開始發胖前一年拍的，當時LULU是國中時期，比較瘦，也比較有自信，但還是會喜歡穿黑色衣服，拍照也要拍側面角度——這樣拍起來才會更瘦！

02 ▲開始囉…注意看，LULU胖公主的發福跡象從臉、手臂、手腕、下盤一一開始出現，她開始喜歡穿中性寬大的衣服、特地在美國買大SIZE的牛仔褲來穿…整個人毫無女人味…一看見路邊超多汁的水蜜桃，貪吃LULU又忘了身材這件事…

胖公主悔不當初
肥胖演進史

05 ▼越來越胖了!看到她的時候都是不停吃、吃、吃！也因為內分泌不協調，食量、食慾常不平衡，而且特別愛吃奶類、高熱量的食物，而且發胖速度直線上升，當時對自己失去信心，所以這個時期的照片幾乎都是跟食物合照。

06 ▼胖的時候最懊惱就是手臂太粗，肌肉是緊實的，就連臉上的肉也是緊實的，所謂的「橫肉」差不多就這意思吧。

03
▲ 在美式餐廳打工，食量很大，吃美式食物更加近水樓臺，多吃當然多長肉，當時就算穿起泳裝也只敢露出胸部以上，但胖歸胖，卻都在不該胖的地方長肉，想盡量upup的胸部還沒現在豐滿呢…

04
▲ 這時大一，是最沒自信心的時候，可以看見衣服都很寬大好遮住體型。那時超愛去美國，因為只有那裡才有合size的衣服能買，大概也因為在那可以買衣服比較心安，所以冰淇淋又不停吃吃吃。

07
▼ 哇哇哇！1997年是LULU最胖的巔峰期，整個體型就是脂肪胖＋水腫胖，那時很積極想找回自信，所以不斷參加演出，大家的印象就是那時台上常有一個胖舞者的存在──其實台上有個胖子也不見得不搶眼說！臉也是一張圓的......月亮蝦餅。

08
▼ 開始找到一些方法，漸漸瘦了一點。這是差不多4年多前當舞者時，這時已經開始接觸瑜珈，也找到正確的減肥方法，但要是飲食一不小心、不好好保持還是很容易變胖、水腫，五個人站一排，看起來卻像6個人──LULU一個人頂2個。

除了胖，我只剩自卑

要一個大家公認的美女，承認自己曾經是一個胖子，實在是有點尷尬。不過，說真的，我這一輩子，胖的時間佔了大多數！在我23歲、不懂得真正改變自己的肥胖體質之前，我一直、一直、一直都在跟我的肥胖奮鬥！

那真是一段艱苦的減肥辛酸史。減肥、復胖、減肥、復胖…就像一個永遠揮之不去的惡夢，緊緊地纏繞著我。

很難想像，現在同時是廣告明星、在「女人我最大」節目中指導大家做瑜珈、身材窈窕美麗、前凸後翹的LULU老師，曾經因為太胖，而被男同學恥笑，甚至遭遇到連舞伴都找不到的慘況吧？我的個子不高，大約161公分，最胖的時候，體重一度飆升到65公斤！在舞蹈實驗班上舞蹈課時，穿上白色露背舞衣、白色褲襪，站在鏡子前，就像一個吹飽了氣的白氣球，連自己都不敢看鏡子中那個全身肥滋滋、腰身一截一截墜肉、屁股肉垂在大腿上的我！當時，不要說選女主角沒有我的份，就連好同學，也在我的背後恥笑我：「從背後看起來，妳真像一個歐巴桑！」

天知道，那時正值最愛美的荳蔻年華，而我，卻因為肥胖，讓青春

一片空白！肥胖不是罪惡，不過，肥胖卻讓我談不到戀愛、聽不到讚美，甚至在許多時候抹煞掉我的努力。肥胖更一度讓我得了嚴重的憂鬱症，在「狂吃」與「罪惡感」中間惡性循環，幾乎毀掉了我整個人的自信！

而不當的減肥也讓我的身體嚴重受損，內分泌失調，付出慘痛的代價。

還好，最後我終於找到了健康的方法，讓自己徹底改變肥胖的體質，成功地瘦下來，也重新找回了健康。

妳是胖女孩嗎？妳正在跟我從前一樣，苦苦與肥胖奮鬥嗎？我就是因為不希望胖女孩們重蹈我的覆轍，因此才大方公開我的瘦身秘方，希望以我自己這十年過來人的經驗，教導大家如何徹底改變肥胖體質、調整自己的內分泌，以簡單的瑜珈動作雕塑身材，並以最健康的生活方式，從飲食起居上面下手，逐漸改善生活習慣，再配合一些「LULU老師小撇步」，讓自己可以自然瘦下來。這樣的方式，不但不需要痛苦地亂節食，也不用依靠藥物，更重要的是：絕對不會復胖！

加油！看看從前的LULU老師，跟現在的我，相信我！妳一定也可以辦到的！

胖到連老師都受不了

就跟大部分的胖子一樣，我從小就是肉肉的。不過，小時候胖胖的很可愛，再加上我圓圓的五官，非常討喜，所以從來也沒有人提醒我注意飲食。國中開始進入發育期之後，我的食量更是大增。光是一頓早餐，我就可以吃下一盒燒賣、一瓶豆漿，再加上一份大亨堡！中餐、晚餐我一頓就可以吃個兩、三碗飯！下課之後，酷愛甜食的我，更是麵包店

裡的常客，除了各式麵包，我還特愛吃西點、餅乾。夏天裡，不時還要再去享受一大碗當時最流行、冰涼又香甜的「紅豆雪花冰」，才心滿意足地回家。

我從小習舞，國中畢業後，熱愛跳舞的我，直接保送「左營高中」的舞蹈實驗班。高一升高二那年暑假，我從50公斤的「微胖」體型，開始一路飆升到60公斤！我個子不高，當時已經完全沒有少女的模樣了，然而，我卻並沒有警覺到自己越來越胖，只是心裡想著「我要少吃一點」，平日卻依然故我地大吃大喝、享用甜食、飲料。而且變本

加厲地在每天吃完晚飯後，額外「犒賞」自己一份小甜點！

直到有一天，我在上舞蹈課前，例行性去主任辦公室的體重機秤體重時，我才感到「大事不妙」。我一站上體重機，只見數字不斷往上跑，指針迅速的從3、4、5一直跑到6⋯，我閉上眼睛，連自己都不敢看！老師一看到我的體重，不禁皺起了眉頭：「LULU，妳太胖了！這麼胖的舞者，怎麼能夠跳出優雅的舞姿呢？」她很嚴肅地下達了減肥令，用紅筆在我的「專用減肥卡」上，畫了一個既醒目、又刺眼、超大的數字：「45」！勒令我在最短的時間內，要達成減肥20公斤的目標。

原來，我已經胖到連老師都受不了的地步了！

什麼偏方都試
差點餓死還是瘦不下來

於是，我開始下定決心減肥。可是，該怎麼減呢？我完全沒有概念，以為只要不吃就可以瘦下來了！於是，高二那年，我開始厲行減肥計畫──勒緊褲袋，餓肚子！我可以一整天只吃一顆蘋果、或是一個芭樂，其他什麼都不吃！班上同學都覺得我瘋了！有時候同學拉我一起去吃晚飯，看著同學大吃大喝，我卻忍耐著只吃一顆茶葉蛋，或是一杯牛奶，頂多也只吃一點饅頭、土司。無論其他人怎麼勸我，我還是堅持到底！說起來我也算是毅力驚人，竟可以強忍著飢餓的痛苦，連續這樣搞了一個月！

一個月後，我再度站上了體重機，哇！我真的瘦下了四、五公斤！正在沾沾自喜的時候，卻不知道，這只是欺人的假象而已！我真正的惡夢，才正要開始！因為身體的失調，雖然一時間瘦了四、五公斤，但是沒有多久，就全部回來了！而且奇怪的是，明明之後也沒有多吃多少東西，卻在短短的時間內又狂胖了五、六公斤，不但把減掉的體重全都胖回來，甚至還更多！

眼看我的體重直逼七十大關，我完全不知道該怎麼辦？也不知道這是怎麼一回事？只覺得萬分沮喪。當時我住校，爸爸媽媽都不知道我這樣胡亂減肥，也沒有人告訴我關於身體營養的正確知識，我更不瞭解胡亂減肥會讓自己的內分泌失調，就這樣惡搞了一、兩年。

那段時候，我的體重起伏非常大，每個禮拜都可以相差好幾公斤！我曾經一度成功狂瘦到剩下45公斤，達到了老師訂下來的標準，隔了兩個月，卻又原封不動胖回來！而且，因為新陳代謝不正常，身體水腫地很厲害，看起來反而比從前更胖！而惡性節食，令我開始感到暈眩、想吐、血壓過低，原本光滑的臉上長滿了痘痘，甚至連每月應該

要來的月經，也連續好幾個月沒有來了！

自卑 自閉 憂鬱症上身 開始墜入黑暗深淵

　　更可怕的是，因為過度節食造成的賀爾蒙混亂，憂鬱症開始找上門來。我看到什麼都想哭，覺得人生沒有希望。我記得，當時老師的母親去世，我去探望她，回家後竟然自己在家哭了一整天！我開始不跟人來往，一個人躲在宿舍裡，滿心想著：「肥成這樣，誰會喜歡我？」我覺得自卑、沒用，經常一個人耍自閉，躲著同學、閃避人群，每天關在房間裡，墜入黑暗的深淵。

　　然而，即便如此，肥胖卻還是沒有遠離我。高三那一年，班上有二十個同學保送進大學舞蹈系，只有三個女生沒有學校可讀。這三個女生，沒一個例外的全都是胖子！我排名第二！誰說這個世界是公平的？誰說胖子也可以很可愛？這都是安慰自己的謊言。尤其對舞蹈系的女生來說，沒有纖細美麗的外型，考試時一定大大吃虧：胖胖的身材看起來就是笨重、沒有美感！更遑論在表演時，拖著一個大屁股轉圈圈了！想要表達肢體動作之美？跳主角？別想了！就算妳舞藝一流，只要是個胖

子，絕對與女主角絕緣。能夠上台跑跑龍套，就算很不錯了！

　　既然保送無望，於是，我只好加倍努力唸書，專心準備大學聯考。當高中的同學們早已確定保送、期末考後紛紛在計畫去哪裡玩時，我只能揮汗讀書，拼了老命地讀學科。幸好後來，我的學科考得不錯，彌補了術科因為太胖而拿不到的好成績，一舉考上了關渡「藝術大學」的舞蹈系。

世界哪裡是公平的　胖子是戀愛絕緣體

　　大學的四年，是女孩子最璀璨的黃金年代。對我而言，卻是另一場艱苦的肥胖戰爭。眼看著同齡的女孩個個勤於打扮、每天花枝招展，穿著最流行、有女人味的性感衣服，我卻永遠只敢選擇寬鬆的T恤、垮褲。我們家三個小孩，我最胖，姊姊很瘦，人家家的姊妹可以互換衣服，但我卻只能看著姊姊的性感洋裝流口水。有一次，姊姊送我一件漂亮的連身洋裝，我興高采烈地換上，沒想到，姊姊的男友在一旁看了之後，卻潑我一盆冷水：「這件洋裝適合骨感美女，不適合妳穿！」大受打擊的我，從此，再也不想、也不敢去試穿稍微有曲線的衣服了！

而肥胖，也讓我成了戀愛絕緣體。

　　因為胖，我一直很沒有自信，自卑地認為沒有人會喜歡我。其實，高中的時候，曾經有個很帥的男生喜歡我，不但當面對我告白過，還三番兩次想約我出去。可是，我心裡卻有陰影：我不敢想像胖胖的自己站在瘦瘦的他旁邊，別人會說什麼？好幾次我看著鏡中的自己，假想著我們戀愛的畫面，總覺得是那麼地不匹配！我自怨又自憐，又胖又沒有信心，於是每次在校園裡看到他，不自覺地就想躲，連視線也不敢和他對應，只好匆匆快步走過。想當然爾，我就這樣與一段純純之愛擦身而過了！

　　大學時，雖然心底渴望戀愛，卻始終不敢踏出那一步。其實，那時

候體重65公斤的我，也完全沒有追求者！尤其是在學校上舞蹈課時，老師總是讓男、女圍成兩圈，那也就是我最尷尬的時刻：因為內圈的女生，要不斷地與外圈的男生交換舞伴練習跳舞，所有的男生一看到對面站著的是我，就很緊張，因為男生都很怕跟我跳雙人舞，我幾乎可以讀著出他們眼中的「恐懼」：他們舉不起我！

在這種狀況下，我怎麼可能交得到男朋友？

然而，想要變瘦、變美，卻是我心底不變的願望。誰願意永遠當個胖子？於是，我自然而然地又開始想辦法減肥了！

繼續奮戰 減肥神農遍嚐各種奇怪偏方

這時候，我已經知道，光是節食，對我而言是沒有用的了。於是，我開始無所不用其極，自己當「減肥神農」遍嚐百方：凡要是市面上聽來的辦法，我都勇敢去嘗試！因此，大學這五年，我可以說是個「減肥達人」，到處打聽減肥秘方，只要聽到有人介紹新的減肥法，我都充滿了興趣。

那時，減肥診所開始盛行。我聽朋友的介紹，前往一間「肥胖門診」就診。剛開始的時候，我覺得蠻有效，體重的確是有掉下來，因此我持續就診了一年多。不過，我卻發現，有效是有效，我有吃藥就會瘦個四、五公斤，但是一停藥就會胖回去。而且吃了藥之後，副作用不少，不但會心悸，還會想嘔吐。

我也試過所謂「蛋白質減肥法」：就是很多人所說的，完全不吃澱粉，只吃蛋白質跟蔬果。於是我每天吃魚、肉、蛋、奶、蔬菜水果，完全不吃米飯、麵包等澱粉類食物，幾個月下來，的確也是有瘦一點。但是我覺得自己的抵抗力變得很差，動不動就罹患感冒、腸胃炎，成了個病西施。

「運動瘦身」對我也沒效。我本來就是舞蹈系的學生，畢業後曾經在「果陀劇團」當舞者，有時候一天要練舞四、五個小時，可是體重

依然故我，只有肌肉越來越結實，但卻還是瘦不下來。

另外，坊間還流傳一些奇奇怪怪的減肥法：「抽煙減肥法」、「水果減肥法」、「蔬菜湯減肥法」等等，我幾乎都試過！可是不是會心悸，就是餓得我眼冒金星！不吃正餐，不但讓我沒有力氣跳舞，而且有一次走在路上，突然間一陣眼花，幾乎就要昏倒在路旁，嚇壞了我身旁的同學！而且，我後來發現，其實食物跟人體的內分泌有很大的關係。沒有均勻地吃各種食物，會讓人情緒不穩定，不但無法達  到瘦身的效果，還會讓人覺得沮喪、挫折，心情低落時更想要大吃大喝！結果反倒更容易變胖！

這也不行、那也沒效，我的體重忽高忽低，到底該怎麼辦呢？失望之餘，我開始覺得自己永遠也不會變瘦、永遠也不會變美了！我自暴自棄，喪失所有自信；我大吃大喝，完全不再量體重。肥胖的夢魘依然不放過我：同學的哥哥第一次看到我，就取笑地問：「妳應該有70公斤吧？」放假回家吃個飯，也會被爸爸念個不停：「不要再吃了！越吃越胖！」難道，肥胖真的是一種錯誤？

幸好，就在這時，老天爺又再度給了我一次機會。

大五那一年，減肥的「代餐」開始流行，我當然也不例外地馬上買來嘗試一番。那一陣子，我每天中午吃代餐，配合早晚兩餐控制熱量的進食，效果還不錯，大約在一個月內，就瘦了3、4公斤，而且維持住了一陣子沒有胖回去。我發現，「計算熱量」是一件很重要的事，我開始會在吃東西前，先看看包裝上的熱量標示，或是會在心中大約計算一下自己吃的食物有多少熱量。逐漸地，我自己會去計算

什麼東西熱量高，什麼東西熱量低，吃東西的時候，可以讓自己選擇想吃卻又熱量低的飲食。假如早餐、中餐我選了高熱量的食物，晚餐我就選擇熱量低的飲食。慢慢地，我養成了「搭配飲食熱量」的習慣。

而且，吃代餐必須要喝大量的水。我開始習慣每天喝大量的白開水。這對以前只喝甜飲料的我來說，是一項重大的改變！我後來才知道，「喝水」這件事，對減重成功非常地重要！戒掉了喝甜飲料的惡習之後，我的體重再度下降了1、2公斤，我的減肥奮鬥史開始出現了一絲曙光！

就在這個時候，我終於嚐到了初戀的甜美滋味。我在果陀劇團打工當舞者的時候，認識了一個男孩子，他長得不錯，我非常喜歡他。我常常藉機會跟他說話，發現他並不會像其他男孩子一樣拒胖妹妹於千里之外，於是有一天，我終於鼓起勇氣約他出來吃飯！沒想到，他竟然答應了！原來，他覺得胖胖的我很可愛，也對我蠻有好感。於是，我們倆就正式交往了！

這場戀愛持續了一年多。雖然，後來因為一些個性上的問題，他主動提出了分手，不過，這段戀愛，卻讓我找回了珍貴的「自信」。

我是先有了自信，才減肥成功的！因為，有自信，才會相信自己

一定做得到；有自信，才會開始認真去思考「如何減肥」的問題。因此，在開始減肥之前，我要奉勸所有的胖弟弟、胖妹妹，減肥首當其衝最重要的一件事，就是一定要「有自信」！要告訴自己：我相信自己一定可以瘦下來，我相信自己一定可以維持體重，我相信自己不會再復胖！

　　我又重新燃起了減肥的慾望！並且告訴我自己，我一定可以找到一個更好的方法！讓自己變得健康、變得美麗！

皇天不負苦心人　胖小鴨變窈窕天鵝

　　與初戀男友分手之後，因為失戀的心情低落，我的體重自然而然地又掉了幾公斤，大約維持在58公斤左右。其實，體重減輕的同時，女性賀爾蒙會升高，新陳代謝速度加快，逐漸會形成一個好循環。我很自然地想要保持這時候的體重，於是，除了戒掉甜飲料汁後，我又開始戒掉吃宵夜的習慣。不吃宵夜，提早上床睡覺，我的體重在一、兩個月內，又下降了1、2公斤。

　　大學畢業後，我繼續在舞蹈教室當行政助理，並且開始很積極地閱讀減肥的資料，包括利用閒暇猛K減肥的書籍、去聽一些關於營養的課程。剛好，我有一個同學，在減肥中心上班，於是我經常纏著她詢問一些她在減肥中心幫助別人減肥的經驗。在胖了這麼多年之後，我終於知道，「肥胖不是一天造成的！」同樣地，減肥也不能強求要在短時間內達到立竿見影的功效！所有短時間內的減肥，都不是真正的減肥，無法讓身體真正變瘦！我也瞭解，我的肥胖，是「先天的易胖體質」，再加上「內分泌不正常」所致，因此，我開始一一檢視自己的生活習慣，把造成肥胖的成因，一一將其破解！

　　沒錯，最好的減肥方式，應該是由內而外整個改變身體的肥胖因子，將「易胖體質」調整成「非易胖體質」，將脂肪分子自然縮小，這樣，妳才能真正成功地瘦下來，並且再也不會復胖！事實上，我這

六、七年來，體重從將近70公斤降到目前的48公斤，並且維持到現在，可以說，我已經成功地轉換了原先的易胖體質。如今，我可以完全不忌口，想吃什麼、就吃什麼，不用痛苦地節食，也不用餓得頭昏眼花，更無須靠藥物，就可以輕易維持標準的體重，不怕再度發胖。

我想，與其說我「減肥成功」，不如說，我找到了「健康享瘦」的新生活！

瑜珈的「樂活族」秘訣　是不復胖的關鍵密碼

1998年畢業之後，我仍然在劇團工作、當舞者。約莫就在這同一時間，我有一位已婚的好友，邀我一起去上瑜珈課。當時台灣的瑜珈發展，還處於「傳統瑜珈」的階段，我當時對瑜珈一竅不通，跟大家一樣只覺得瑜珈好像都在做一些高難度的動作。反正好玩嘛！就跟去了！沒想到，這竟然成為我這輩子最重大的一個轉捩點！

第一堂瑜珈課，老師教我們做了一些基礎動作：前彎、後彎、扭轉…等等。這些，對我這個已經有舞蹈基礎的人來說，並不太困難。奇妙的是，上完課，我感覺全身肌肉鬆開了！緊繃的感覺一消除，立刻就想要去解小便！這種全身舒暢、放鬆、伸展的感覺，是一個非常奇特的經驗！當下，我就決定繼續上下去。之後的兩、三個月，我每星期固定去上一次瑜珈課。

說也奇怪，開始練瑜珈一、兩個月後，我的體重並沒有改變，但是朋友看到我，卻都很驚訝地說：「LULU，妳變瘦了！」我回家對著鏡子，仔細端詳之後，我發現，那是因為我的身體線條改變了！我的肌肉線條變得較為修長，看起來的確窈窕不少。

其實，「瑜珈」在梵語中，其實就是「聯結、結合」，除了教導身體的動作之外，也提倡身體與大自然的結合。瑜珈講求呼吸、動作、節制，並提倡吃素食與修行。瑜珈分成八大支：持戒（Yama）、往

內部的探索(Niyama)、瑜珈的體位法（Asana）、調息（Prahayama）、攝心（Pratyahara）、專心（Dharana）、入定（Dhyana）、昇華（Samadhi），除了練身體之外，還有心靈的層次。也就是說，瑜珈強調，在專注於身體的時候，人的心靈會有所改變，心靈影響心情、內分泌，於是新陳代謝也就跟著改變。

學習瑜珈，會讓人想要用健康的方式對待自己。瑜珈人所提倡的「樂活族」（LOHAS──Liftestyles Of Health And Sustainability），就是這個意思。之後的這幾年，我每天至少做半小時至一小時的瑜珈，甚至，因為對瑜珈發生了強烈興趣，我四處蒐羅瑜珈的書籍來閱讀，2001年去美國上瑜珈課之後，2002年我又去了峇里島，接受師資培訓。

我一面勤練瑜珈，一面改變了許多以前的生活習慣：我不再喝飲料，改喝白開水；注重飲食健康；不再熬夜，盡量在凌晨12點以前入睡，並且睡足八個小時。我開始注意自己的站姿、坐姿；學會了傾聽

自己身體的聲音，去決定自己吃些什麼食物。我每天一定要排便，並檢視自己排便的狀況。最重要的是，我開始使用瑜珈的腹式呼吸法，讓自己更健康。

在這麼做的時候，我發現，我的身體變得敏感了！買了一包洋芋片，才吃了幾片，就覺得油膩，不太想吃了。我不再喝冰飲，只要喝兩口冰啤酒，月經就會慢兩天來，非常之精準！我的身型也漸漸改變，原來胖胖圓圓的身材，逐漸消瘦，變得前凸後翹！全身的圓肌肉，逐漸拉成了長肌肉！不知不覺中，我不再大吃大喝，另外再配合自己看書學來的排毒、泡澡、精油按摩等等小秘方，我的體重慢慢的降到了50公斤。重要的是，這個數字是穩定的，沒有再復胖！

接著，2003年我再度去了一趟美國，參與「治療瑜珈」，在瑜珈機構「白蓮花」，上課拿到了證照，隔年又去了香港，上「強力瑜珈（Ashtanga）」的課程，做一些高難度的動作，取得證照。在這段時間，我接觸到不同於傳統瑜珈的瑜珈理念，讓我更產生了濃厚的興趣：雖然瑜珈創自於東方，卻在西方發揚光大！我不斷地進修，就像一個求知慾旺盛的小孩，將瑜珈書成堆成打地搬回家來！而為了將好東西與好朋友分享，我更開設自己的瑜珈教室，教導親朋好友練瑜珈。就在這時候，我的體重也隨著我的勤練瑜珈而遞減，我已經瘦到了48公斤！

從快70公斤-->48公斤的神奇魔法

瘦下來之後,很多事情都改變了!好久不見的學弟看到了我,驚訝地問:「學姐,妳去整型了嗎?」因為,瘦下來之後,輪廓變深了!很多老友甚至認不出我來!

變瘦之後,我丟掉了一大疊的牛仔褲。拿著那些30腰、40臀圍的舊褲子,心中有著莫名的傷感:我終於脫離了以前外號「胖胖」的歲月,那是一段多麼不堪回首的日子啊!那些以前不敢穿的露背裝、緊身衣、短褲、比基尼,現在通通成了我的最愛!有一陣子,我瘋狂地買緊身牛仔褲!尤其是以前想都不敢想的白色緊身褲!我開始買飾品、買洋裝,盡情打扮自己,再也不用害怕店員小姐會不客氣地說:「沒妳的SIZE喔!」

瘦下來之後,別人開始稱讚我「漂亮」,不再只說我「可愛」;聽到「美女」兩個字,我不用再回頭去看別人。我也開始接拍廣告,一支接一支,當上從前夢寐以求的女主角!而且,瘦下來之後,以前很多不能做的瑜珈姿勢,比如說跪坐,現在終於可以做了,不會再被過多的肉卡到彎不下去!

更重要的是,內分泌變得正常的我,身體也變好了!不但不再一天到晚感冒、腸胃炎,臉上也不再直冒痘痘。原本看起來腫脹、暗沈、油膩膩的臉孔,終於換成了一張光滑美麗的臉蛋!

當然,看我的男生也變多了!

1999年,我在果陀劇場認識了黃仲崑。當時,我是劇團的動作指導,他則是在果陀演出舞台劇,不料,因

為一場「九二一」大地震，未能如期演出，不過我們卻因此而常常碰面，譜出了戀曲。這一段戀愛，一直延續了七年，直到現在，他也成為我瑜珈世界跟愛情生活中的最佳拍檔！

接下來，我一面繼續在瑜珈教室裡教課，一面開始出書將我的瑜珈經驗寫下來，並在電視節目中教授瑜珈。因為太多人關心瘦身減肥、美容塑身的內容，我也將我在國外讀到的書籍、減肥時所研讀的一些資料，慢慢整理出來，並且請我所認識的精油、湯方專家，指導我製作一些相關的複方精油配方、或是湯方飲品。在我自己親身嘗試及試用過後，將我覺得效果極佳的保養瘦身小秘方，分享給大家。

現在，每每看到滿面油光、肌膚暗沈、或是減肥減不下來的胖妹妹，我就很想幫助她。我通常一看就可以知道她是不是屬於內分泌肥胖？或是不是易胖體質？通常八九不離十，準確度極高！想想看，我花了近十年的時光，才真正找到讓自己健康的方式，我是多麼非常希望能跟大家一起分享我的健康瘦身秘方！畢竟，這個社會對於胖子的歧視，是很傷人的，肥胖除了影響外觀，也影響健康，同時也會讓人退縮，怯於接觸人群。

減肥，並不是夢，重點是在於找對方法，並且要徹底從生活做起。

加油吧！讓我們一起享「瘦」人生，並且活出健康與自信！

相信我，妳一定可以變窈窕！

Chapter 2

Trust me,
you can make
it!

減肥是一場長期抗爭。改善體質，更是一輩子的事。因此，除了日常生活的習慣改變之外，減重的人也需要一些心理建設，還有自我鼓勵。

LULU老師在減重期間，也運用了許多心理戰術，給自己加油、幫助自己持之以恆。不要小看這些心理戰術喔！對於減重其間的影響可是非常巨大的！

想像自己有一天變成窈窕美女

我在減肥期間，剪了許多報章雜誌、海報上的美女圖，貼在我房間的牆壁上、書桌前，以及電腦上。為什麼要這麼做呢？主要原因是激勵自己：有一天我也要像她們一樣，擁有好身材！而且，經常欣賞美的事物，可以讓自己保有正面的情緒。因此，如果不喜歡美女圖，也可以貼一些自己喜歡的賞心悅目的圖片，讓自己的心情保持愉快。但是記得，不要貼食物的圖片唷！到時候越看越餓，LULU可不負責喔！

在越不美的時候 越要照鏡子

減重最忌諱自暴自棄！如果老是覺得自己是醜八怪、大胖豬，每天遮遮掩掩、邋邋遢遢地度日，相信我，妳大概再也沒有變美的一天了！

每一個人都有自己美的地方，就算是胖子也不例外！每天照照鏡子，看看自己哪裡最美，著重於自己美的地方去打扮，把自己最好的一面、最自信的地方，呈現給大家！人要先愛自己，才能夠相信自己有能力達到目的。因此，欣賞自己美的部分，才能幫助自己更瘦、更美！

曾經，我也是一個邋遢的胖子，但是當我想通這一點之後，我開始每天都盡可能打扮得漂漂亮亮地出門，培養自己的自信，大方展現自我。我以前胖的時候，覺得自己身上最美的地方就是我的小腿，因

此，我開始選擇一些露出小腿的裙子來穿。當我成功減掉第一個十公斤時，我就開始大膽的穿一些露肚裝、小可愛出門，我告訴自己，即使當時我還是胖胖的，也沒有關係！我也有美的權利！

想當年，LULU還特別去攝影師那裡，拍了一些美美的照片喔！畢竟，人都是需要正面思考的，鼓勵自己、大膽裝扮，胖妹妹也絕對有自己的魅力！

一定要穿合身的衣服 正視身材缺陷

不論你有多胖，千萬記得，不要都穿著寬鬆的衣服。LULU老師也有很多年，一直穿著寬鬆的衣服，企圖說服自己：「反正胖也看不出來！」其實，這些都是自愚的作法，是拿來騙自己用的！

我鼓勵所有的胖妹妹、胖弟弟，盡量穿合身的衣服，甚至稍微緊一點也沒有關係！緊一點的衣服，除了提醒你自己需要注意身材、控制食慾之外，也可以讓你看起來比較有曲線、有精神，合身的衣服也會提醒你隨時注意自己的姿態，把好的一面呈獻給別人，不要放縱自己，成為減重失敗的藉口。

近肥者肥 近瘦者瘦
多跟瘦子朋友在一起

看到這個標題，你可能會尖叫：「拜託！跟瘦子在一起不是很痛苦嗎？更顯得我的胖？」不！不！不！LULU老師要告訴你，一定要多跟瘦子在一起！原因是：你可以觀察他

們不會胖的原因，找出瘦子的生活習慣，而且，想辦法讓瘦子朋友的生活影響你！這樣，終有一天，你也會變成一個瘦子！

LULU有很多的瘦子朋友，其中一個瘦子就是我的姊姊。LULU姐從小就瘦，跟我完全相反的是，她不喜歡吃甜食。比方說，我們兩個一起走進超市買零食，LULU我一定是抓一大把泡芙、西點，或是餅乾，而LULU姐就一定就是伸手拿牛肉乾、魷魚絲等鹹的零食。我暗中觀察幾次，發現連飲料的選擇都有差異！比如說，我最愛珍珠奶茶，而我姐就獨鍾茶與咖啡。

每個人不同的生活習慣，會造成不同的體態。我有一些瘦子朋友，很會吃，但是吃不胖，你以為她天生麗質嗎？大錯特錯！經過仔細的觀察，我發現，瘦子之所以不會胖，都是有原因的！像我有一個朋友，食量不錯，從不減肥，可是身材很標準。有一次我去她家玩，我就發現，她是一個靜不下來的女人，整天幾乎不停的在動！她一會兒抹抹地，一會兒起來打打電腦，一會兒收衣服、燙衣服，像個陀螺一樣，轉個不停。

還有一種瘦子，雖然整天坐在電腦桌前，但是腦子停不下來，整天都在想新點子。還有一些瘦子，喜歡以快步走代替坐電梯、坐車。有一些瘦子不吃宵夜，生活非常正常。還有一些瘦子，食量很小、很挑食。

多看看瘦子的生活，讓她影響你。瘦下來之日，就離你不遠了！

胖體型還是有救

俗話說，「三分天註定，七分靠打拼」。就算是你有胖子的基因，天生是一個胖子，但是後天的努力，還是有機會讓你把噸位降下來的。所以，絕對不要有這種灰色、喪氣的想法。

確實，科學家已經證實有肥胖因子的存在，肥胖也的確是會遺傳的。不過，身體的健康重於一切，不論你原先的體型為何？先擁有健康的身體及生活習慣，都是非常重要的。一定要激勵自己，天下沒有白吃的午餐，天下也沒有絕對做不到的事！努力、鼓勵、激勵，讓自己一定要健康的瘦下來！

找好朋友一起去減肥

參加減重營、減重計畫，或是約一群朋友一起減重，都是減重的好方法。靠群體的力量約束自己，鼓勵自己，也是一種比較容易達成目的的方法。

別害我了 我在減肥

減重的時候，不要害羞、不好意思，大聲的告訴周遭所有的朋友：「我正在減重！」一旦你下定決心要減重，就不必理會旁人「你不胖啊！」這種虛偽的安慰話，只要簡單的回答：「我覺得我瘦一點比較好看！」就可以了。昭告天下的另一個好處，是比較方便。比如說，與朋友約吃飯，告訴他自己在減重，就可以盡量把晚餐的邀約，改成

吃早餐，或是吃午餐，這樣也可以減去一些不必要的誘惑或困擾，破壞你的減重計畫。

LULU 三餐配方大公開

很多人覺得記錄自己吃的東西很愚蠢、很麻煩，是事實上這是很重要的一個開始。藉由紀錄，你才可以發現自己的飲食習慣：是暴飲暴食型？澱粉型？油脂型？糖份型？還是大食量型？然後，你才能對症下藥，把自己的飲食習慣逐步的修改。

比如說，我有一個學生，她一直覺得自己吃的不多，可是卻瘦不下來。後來，經由飲食紀錄，才發現他早晚要喝大量的咖啡。咖啡因攝取太多，睡眠品質不佳，造成身體的水腫。把喝咖啡的時間調整跟減少之後，他的體重就明顯的下降了。

其實以我來說，我其實一天到晚都在吃東西，可是實際上看我吃的量，你會發現我其實是屬於少量多餐型的。比如說，LULU一天整天吃的東西如下：

早上：9:00吃維他命、喝兩大杯水、喝月見草油一匙。
　　　　10:00喝一杯咖啡、吃半個三明治、餅乾兩小塊。
　　　　11:00半顆蘋果。
午餐：12:00四物湯、半碗白飯＋燙青菜。
　　　　14:00蘇打餅乾兩小片
晚餐：17:00玉米湯＋小薯條
　　　　20:00水果

看起來我似乎一整天都不停的在吃東西，但是其實真正記錄下來看之後，發現量都很少，熱量也並不高。有些人剛好相反，他喜歡正餐，不喜歡零食，但食量很大，一次可以吃進很多東西，那麼，就可

以將飲食裡的先後順序改變，比如說，把澱粉類的東西放在最後吃。要記得，減肥不是一味的減少熱量，而是要營養均衡。吃得多，不代表吃得營養，相反的，吃得少，也不見得營養不良。重要的是要吃對的食物。因此，絕對不能三餐都只吃青菜水果，而是要把握吃的少的每一頓，把營養吃進肚子裡去！

跟體重拼了

每天量體重，不是要看每一天的體重差多少，而是要觀察體重的變化。有時候，因為水腫，一天可以增加一公斤，有時候，因為泡澡、脫水、或是剛好少吃了一餐，少了一公斤，那都沒有什麼太大意義。至於減重的成效，應當以一星期為一個單位，觀察每個星期體重的變化。

LULU老師要提醒大家，減重是一個長時間的飲食習慣跟生活習慣的改變，因此千萬急不得，要把它看做是一個中長期的計畫，按部就班，能夠持久，才算成功。短時間的減重，通常都會復胖，那不是真正的減重。維持一個長長久久的健康，才是最重要的！

心情好 瘦更快

減重期間，最重要的就是維持心情的平穩。情緒起伏太大，內分泌、賀爾蒙容易改變，也比較讓人有想要大吃大喝的衝動。維持每天的正向情緒，消除壓力，讓自己放鬆，保持好心情，可以讓你的減重較為順利！

LULU老師發現，許多減重的人都有一個共同的經驗，就是每次談戀愛期間，就會自然的變瘦。為什麼呢？第一個是想要讓自己更美，會

比較有克制力；第二個就是心情愉
快，腦袋裡的空間被對方所佔滿，
自然不會想到要去吃東西！第三
個就是生活理有很多的忙碌、約
會，生活腳步變快，身體的新陳代謝也加快，
體重自然掉下來！所以，我鼓勵所有正在減重的胖哥胖妹們，機會來
時，不要讓愛情錯過，開開心心的去談個戀愛吧！

目標達成 賞自己一個痛快

　　給自己列一些循序漸進的計畫，每當你達成計畫時，就給自己一點
獎勵。買一件漂亮衣服，或是一個小項鍊，或是看一場電影、拍一張
照片都行。除了不要是大吃一頓外，其他的犒賞都非常好！

心靈糧食 吃再多也不怕胖

平日不妨多閱讀一些健康類的書籍,如:維他命、健康飲食、低熱料理等等,多給自己充實一些健康方面的知識。我覺得看一些勵志類的書籍也不錯,讓自己充滿信心的感覺,對減重是很有用的!我在減重期間,閱讀了許多關於飲食、瑜珈、熱量、營養學方面的書籍,覺得自己獲益良多,很多正確的方法跟觀念,也是當時所奠定的。所以,我非常建議大家多讀書。人生在世短短數十年,除了要擁有健康的身體,擁有豐富的知識也是一種財富。

在減重的路途上,LULU老師希望大家一起努力,不論你是曾經苗條的中年發福也好,或是你從小到大都一直在與肥胖抗爭,我都要強調,先找回健康,窈窕體態自然回來!羅馬並非一日造成,耐心與恆心,是減肥最大的關鍵!加油囉!各位!希望你能夠跟我一樣,自此以後,永保健康體態!

瑜珈瘦身原理輕鬆入門

舒壓、調息、曲線塑造

Chapter 3

很多人問我：「瑜珈真的能瘦身嗎？」雖然答案是肯定的，不過往往別人只是要我的「簡答」（yes或no），至於真正的瑜珈瘦身原理，卻常常被忽略。

其實，要保持美麗的身材，需要從飲食、生活習慣、運動…等等著手。當然囉，瑜珈也是瘦身以及維持健康最好的運動。而且不管任何年紀都非常適合修習，因為它除了是最佳的有氧運動之外，透過溫和緩慢的動作及調息——也就是呼吸，可以達到按摩內臟、促進新陳代謝、加速血液循環及按摩淋巴的效果，體內的毒素較容易排出，身體也不會水腫，所以特別適合虛胖的朋友修習。

影響胖瘦的因素，最重要的就是新陳代謝。身體代謝快的人比較不易變胖，也比較健康。瑜珈動作能藉由刺激身體的腺體及淋巴，進而促進新陳代謝，動作停留時的吐納也是瑜珈瘦身的秘訣之一，因為深沉的呼吸不但能安定情緒，讓我們不因情緒影響而飲食失調，正確的瑜珈呼吸也能藉由肋骨的擴張刺激內臟，讓身體的代謝加快，使熱量加速消耗。

　　對於那些本身過於神經質、過度緊張、肌肉特別僵硬而擔心自己瘦不下來的朋友，可以著重在瑜珈的「放鬆技巧練習」。藉由深沈呼吸（PRANAYAMA）帶動全身肌肉的放鬆。你也許不知道，瑜珈靜坐（MEDITATION）是舒緩精神緊張最好的方法，很多人因為情緒不佳而以吃東西來發洩自己的情緒，以致減重計畫常常半途而廢，這不是很可惜嗎?!而除了練習靜坐、保持好心情外，瑜珈人所提倡的飲食習慣，也是減低我們身體廢物、增加健康的好選擇（見「如何養成飲食

好習慣」篇），這樣做除了可以減少熱量的攝取外，也不會因為食用過多的垃圾食物而造成身體的負擔。

此外，瑜珈也非常著重於肌肉線條的延展，而瘦身非常講究肌力的訓練及肌肉線條的塑造，所以勤練瑜珈不但能讓身體健康，對身材的保持也有實質的功效！

當然囉！想要擁有美麗的身材，最重要的就是要有恆心，時常督促自己，不管是飲食或是瑜珈動作的練習，都要保持定時定量狀態，每天給自己十五分鐘複習瑜珈老師所教過的動作，但是千萬不要把它變成一件苦差事喔！你可以為自己放一些喜愛的音樂，點上精油，再鋪上瑜珈墊，好好享受這15分鐘。告訴自己每天15分鐘給你美麗100分！而且不斷想像自己瘦身後的美麗模樣來激勵自己，相信每天你會非常期待這15分鐘的美麗時間，兩個禮拜過後，你就會發現自己的身材已經開始慢慢改變囉！

易胖體質瘦體大法

瘦字必修

Chapter 4

易胖體質 自我檢測

通常，胖妹妹或胖弟弟都會説：「我喝水也會胖！」真的是這樣嗎？其實胖的基因雖然是天生的，但是擁有易胖體質的妳，也不是「永遠沒有明天」喔！「易胖體質」絕對是可以改變的！

LULU老師從小也是胖嘟嘟的易胖體質，而且一直胖了23年！我有一個阿姨，她對我的印象，就是：「LULU永遠都在減肥！」直到最近，她跟我一起吃飯，夾菜給我吃時，還不忘加一句：「這個不會胖，妳可以多吃一點！」可是事實上我已經瘦下來很多年，早就不再減肥了，但她依然習慣這樣説，妳就知道大家對我「不停地在減肥」這件事，印象有多深刻了吧？

不過，現在妳看到我，絕對不會相信我是個天生的胖子！

在這裡，LULU老師就是要告訴大家，怎麼讓妳那「吸空氣也會胖」的易胖體質，轉化成「走路也會瘦、坐車也會瘦，喝水、睡覺都會瘦」的易瘦體質！

以下，是幾個簡單的特徵，讓你自我檢查自己是否為易胖體質。將每個問題看過以後，把符合妳狀況的問題打「∨」。

檢視妳是否為易胖體質：

1. ☐常常容易有口乾舌燥的感覺。
2. ☐尿液少而且顏色偏黃。
3. ☐經常有便秘的現象，糞便又乾又硬。
4. ☐非常怕熱，身體的的溫度偏高。
5. ☐身體常有水腫的現象。
6. ☐喜歡喝冰飲。
7. ☐臉色發紅，或是常常容易面紅耳赤。
8. ☐肌肉結實肥厚。

以上的問題，如果妳打勾的選項超過三項，代表妳就是易胖體質！打勾的題目越多，表示你身體的易胖因子越多！反之，如果打勾的選項在三個以下，那麼恭喜妳！妳是屬於易瘦體質的妹妹，妳可以不用太擔心發胖的問題，把本書介紹給妳易胖的朋友看啦！不過，記得喔！體質是會隨時改變的，隨著年齡的增加、內分泌的改變，原本易瘦體質的人也可能會變成易胖體質喔！所以LULU老師還是勸妳，早日養成正確的飲食習慣，常保健康人生，以免有一天發現自己變成了易胖體質，可就大事不妙、後悔來不及了！

快來改變易胖體質
輕鬆消瘦

既然知道了自己是屬於「易胖體質」，那麼下一步當然就是要改變自己的易胖體質囉！接下來，LULU老師就要開始傳授你「變體大法」：

改變易胖體質 首先要先改變酸性體質

　　大部分易胖體質的人，體內都是呈現酸性體質的特徵，也就是説，身體的酸鹼值略微偏酸。酸性體質的人，有一些簡易的特徵可以辨別，比方説：嘴巴容易有口臭、排泄物也比較臭；下午時分特別容易疲倦；還有比較愛吃甜食、或是口味偏重。

　　酸性體質的人，血液也偏酸性，血管中比較容易堆積廢物。就好像，一棟大樓裡面，如果水管中流動的的水比較清澈，水管就比較不容易堵塞；如果水比較濃稠、混濁，就比較容易堵塞。相同原理，血液偏酸性的人，新陳代謝比較差，體內也比較容易堆積毒素，不易排除。

　　那麼，如果體質呈現酸性，該怎麼辦呢？答案就是：多吃鹼性的食物，可以平衡身體的酸性。讓酸性易胖的體質，慢慢轉為不易胖的鹼性或中性體質。那麼，哪些食物，是屬於鹼性的食物呢？

　　答案就是醋、檸檬。眾家妹妹可不要誤會喔！以為吃起來酸酸的食物就是偏酸，事實上剛好相反！酸酸的蘋果醋、檸檬醋、檸檬水，都是可以調節酸性體質的鹼性食物，可以多食用。但是，切記，不可以加糖喔！另外，喝鹼性含鈣的礦泉水，也是平衡身體酸度的方法，

市面上有出售此類瓶裝的礦泉水（「礦翠Contrex」），富含鈣、鎂、鉀，喝起來味道略鹹，有點澀，有些人不是很喜歡它的口味，LULU老師都將之當成日常飲用水飲用喔！

多喝水 促進新陳代謝

　　LULU老師有一陣子嘗試用「代餐」減肥，因為吃「代餐」要喝大量的水，因此無意間發現：喝水對於瘦身真的很重要！

多喝水的好處真的很多：

※可以使排泄順暢

※可以美化肌膚，促進新陳代謝。

※可以沖淡胃酸，有效抑制食慾。

※可以促進排汗、排尿、排毒。

※可以促進排除黑色素。

人體中，有70％是水，因此多喝水真的很重要。LULU老師建議，一天至少要喝1500cc的水分，不夠的話，身體的毒素無法排除，就會容易變胖。喝水有助於排毒，因此，LULU老師建議：除了食物中攝取的湯湯水水外，早上起床，在吃早餐前，就可以先喝500cc的溫開水。上班之後，不要忘記在上午、下午各補充250cc 的水分，回家之後，也要記得喝上一杯250cc的溫開水。晚上睡覺前的半小時，不妨再喝一杯250cc 的溫水，促進身體的新陳代謝！所以加起來總共1500cc的水。

下午六點過後 禁用澱粉類食物

澱粉類食物，是台灣人的主食，完全不吃，不但無法滿足飢餓感，也會令人身體不適，容易生病。LULU曾經試過完全不吃澱粉的減肥法，就發現我的免疫力變得很差，一天到晚感冒，要不然就是容易腸胃炎，上吐下瀉，鬧胃病。因此，澱粉是一定要吃的，不過，記得，只能在下午六點以前吃喔！

為什麼呢？我們都知道，澱粉容易造成下半身的肥胖，因此，要盡量在活動力大的白天吃，不要在晚上吃。LULU老師建議，如果妳很愛吃麵包、米飯，那麼就盡量在早餐、午餐時吃！這樣，妳可以用整個白天的時間，去消耗澱粉的熱量，不讓澱粉的熱量囤積在體內。

另外，LULU老師也推薦妳一些優質澱粉類食物：比方說糙米飯、紫米飯。進食就像汽車加油一樣，應該盡量選擇營養價值高的，對身體才有正面的功效。如果吃進去的東西雖然口味好，但是營養價值不高，那麼對我們的身體就只是負擔，增加脂肪、造成肥胖而已。LULU老師很喜歡吃糙米飯！其實糙米飯很香、很好吃，又含有豐富的維生素B群，是營養價值很高的米食。如果，妳不喜歡直接吃糙米飯的

話，也可以加入五穀米、薏仁，或是與白米飯混合煮食。「桂格」有出一系列的五穀米飯，其中有加蔬菜、薏仁、豆類等等的口味，LULU老師覺得營養又方便，是不錯的選擇喔！

學會腹式呼吸法

腹式呼吸有兩個好處：一是可以讓你運動下腹部的肌肉，消除惱人的小腹。二是可以刺激身體器官、腺體的運作，加速你體內的新陳代謝。

七、八年前，我就開始使用腹式呼吸法呼吸，我發現，我的肩頸比較不容易酸痛，小腹也更加結實了！一般人會有腰酸背痛的問題，大部分是因為下腹部的力氣不夠，下盤不夠有力，因此在扛東西、或是彎腰舉物時，不能分擔肩、頸、背部肌肉的負重，很容易造成背痛、脖子酸痛、或是腰酸等等的問題。因為下半身無力的時候，上半身就容易緊張，你很容易將力氣放在上半身使用。這些問題，其實只要適度地鍛鍊小腹肌肉，就可以一併解決。練習腹部呼吸法，同時也是在練習下腹部的肌肉。人體是平衡的，練習腹式呼吸法，除了不容易有小腹之外，當下盤有充足力氣時，上半身也會比較有精神！

我還記得，我練習腹式呼吸法的的第一天，小腹就有點緊繃的感

覺。練了一星期之後，小腹就開始慢慢地平坦下去了！真的很有效！
而且，下腹部的肥大，通常跟肌肉鬆弛、腸胃蠕動不好、脹氣、便秘
有關，所以一開始練習腹部呼吸，這些擾人的問題，都會一起慢慢消
失於無形！

　　LULU老師提醒你，一定要記得喔！剛開始練習時，一定要比較專注
地去呼吸；慢慢地，腹式呼吸法會變成妳生活中的一種習慣，平常呼
吸時，腹式呼吸法的呼吸習慣跟一般呼吸習慣，大約會變成為百分之
５０比５０的比例，不自覺的，妳就開始將腹式呼吸融入生活。這就
會變成一種長期而無形的運動，對妳有非常正面的幫助！

🌸 腹式呼吸的作法

　　首先，想像妳的丹田（肚臍下三根手指頭的位置）裡，有一個假想
中的小氣囊。接著，用鼻子吸氣，想像妳把吸進去的空氣
一路從胸部、腹部送下來，一直送到小氣囊裡。此時，
妳的小腹會微微突出。然後，再深深的吐氣，把小氣囊
裡的空氣，全部由鼻子呼出。

　　練習的時候，可以躺著也可以坐著，慢慢的把腹式呼
吸法變成妳呼吸的習慣。妳可以在小腹上放一本書，
或是電話簿，來感覺腹部的起伏。最好能夠練習到
每一天、每一刻都用腹式呼吸法呼吸。腹式呼吸法
有兩個好處：一，有助於脂肪的燃燒。因為我們
人體中的橫隔膜可以調節肺部容量，讓肺容量增
加，肺部進出的氣量增多，吸入的氧氣量相對
也增多，我們都知道，脂肪燃燒需要
耗氧，因此腹式呼吸可以幫
助燃燒脂肪。二，有助於
緊實腹部的肌肉。三，可

以放鬆上胸部、肩部、頸部的線條，讓你的上半身線條更加優美！

　　剛開始，每天練習五十次的吸、吐。妳可以在睡前做，也可以在任何時候做。腹式呼吸可以幫助睡眠，妳可以一直做到入睡為止。對於不好入眠、或是睡眠品質不佳的人，也很有功效喔！試試看！你一定不會失望的。

吃東西前，計算熱量

我們身體的代謝率：

20歲時，身體一天可以代謝掉1280卡熱量。

30歲時，身體一天可以代謝掉1170卡熱量。

40歲時，身體一天可以代謝掉1100卡熱量。

　　從這個數據，我們可以發現：年齡越大時，吃同樣的東西，越容易胖！因此，可以依據這個原理去計算吃東西的熱量。而白天新陳代謝比晚上快，因此，晚上盡量少吃熱量高的食物，包括澱粉、油脂，因此晚餐可以以蔬果、蛋白質（魚肉蛋奶豆）為主，每天不要攝取超過我們身體可以消耗掉的熱量，就絕對不會胖了！

　　註：有關於各類食物的熱量及成分表，可於以下行政院衛生署網址下載到 http://www.doh.gov.tw/cht/list.aspx?dept=R&now_fod_list_no=602&class_no=3&level_no=2&divNo=&divCount=

胖子當到老——內分泌失調

Chapter 5

真慘，妳是失調女嗎？

在前面曾經提過，因為不當的減肥，我把自己的內分泌搞亂了，連月經都跟我說「掰掰」，不再每個月按時來拜訪我！事實上，很多人不知道，肥胖跟內分泌有極為重大的關係！內分泌失調的人，因為體內控制食慾、新陳代謝、還有影響外貌的男性賀爾蒙、女性賀爾蒙、胖瘦的腺體出了問題，所以無法正常運作，以致身體無法將熱量正常消耗，或是食慾過度旺盛，這些都是造成肥胖的原因。

而肥胖，則會加重內分泌失調的現象，因此，內分泌失調→肥胖→內分泌失調，會形成一個惡性循環。我們的身體裡其實同時存在男性賀爾蒙與女性賀爾蒙，當身體裡的男性賀爾蒙比例升高時，就會讓我們虎背熊腰，變得肥胖。就像一部正常運轉的機器，突然亂了腳步一樣，尤其是月經週期不穩定，MC不來，內分泌就會被打亂，激素分泌不平衡。因此，很多胖子都有內分泌失調的問題。如果，再加上不當的減肥方式，就會讓內分泌失調更為嚴重，不但影響健康，當然也更不可能成功減肥！

妳是不是也是因為內分泌失調而導致肥胖呢？LULU老師提供一些線索，供大家自我檢測。

以下，是幾個簡單的特徵，讓你檢查身體內分泌是否失調？將每個問題看過以後，把符合妳狀況的問題打「ˇ」。

- **檢視內分泌是否失調**
  - ☐ 生理期不規則。
  - ☐ 皮膚顏色比較暗沈。
  - ☐ 生理期有經痛的現象。
  - ☐ 虎背熊腰。
  - ☐ 皮膚比較容易出油。
  - ☐ 毛細孔粗大。
  - ☐ 經常暴飲暴食。
  - ☐ 毛髮異常增多或減少。

　　以上的問題，如果有打勾的選項，代表妳有內分泌失調的問題，打勾的題目越多，表示你內分泌的問題越嚴重。反之，如果妳通通都沒有上述問題，那麼恭喜妳！妳的內分泌完全正常，沒有失調的現象。不過，你仍然要養成良好的生活習慣，正確保養身體，這樣才會越來越健康喔！

不做失調女的9大必學

不吃冰冷的東西

　　很多女生夏天愛去便利商店，隨手就從冰櫃裡拿一瓶冰飲喝，其實這並不是一個好習慣！冰冷的食物，包括冰涼的飲料、冰塊、冰品等，都不是對女孩子很好的東西。因為冰的食物或水，容易造成子宮收縮不良，經血不易排除，會影響內分泌狀態，導致內分泌失調。所以，應該盡量避免食用冰冷的東西，改喝溫水。像我的身體很敏感，偶爾一喝冰水，我的生理期就會晚來兩天，很靈喔！所以我現在已經完全不喝冰的飲料，也不再吃我最愛的「紅豆雪花冰」囉！

The endocrine disorders cause obese.

拒當「冰山美人」

因為工作的關係，常常待在冷氣房；或是缺乏運動、天生體質寒冷，都會讓人容易手腳冰冷。手腳冰冷表示你的血液循環不佳，新陳代謝緩慢。新陳代謝緩慢的人，就容易變胖。而且，身體冰冷會影響你的內分泌，女生容易月經不順，經血不易排除，因此保持手腳的溫度，讓體溫穩定，可以加速新陳代謝，身體就容易瘦下來。

LULU老師也是容易手腳冰冷的體質，因此我經常會用各種方式來保持自己的手腳溫暖。比如說，我會在早晨起床時，用臉盆裝一些大約攝氏38、39度的熱水，泡一下手肘、關節，或是在睡前泡一下腳。這可以讓我的手腳保持溫暖。

另外，也可以在吹頭髮時，順便用吹風機吹一下下腹部，時間不用太長，大約兩、三分鐘就好，讓身體變得暖和。冬天的晚上，睡前我會用薑精油跟肉桂精油按摩，或是在泡澡的水盆裡加一些生薑，這都是促進身體血液循環的好方法喔！

鈣質 月見草油 改善內分泌之神

已經有研究顯示，鈣質可以預防「經前症候群」，改善「經前焦慮症」，而且還可以穩定情緒。所以必須按時補充鈣質LULU老師建議女生可以在每天早上吃早餐以前，空腹吃一匙「月見草」油。配合按摩下腹部，即可以改善月經期間不舒服的現象，並讓內分泌保持平衡。「月見草」素有「植物性女性賀爾蒙」的美譽，可以調節並改善女性的內分泌。

通常，在一般的藥妝店、GNC都可以買到月見草油，不過多半是膠囊狀的，LULU老師則習慣吃「肯園」SPA中心（遠企樓上「雲天芳泉」SPA館裡）所出售的月見草油，它是油狀的，用喝的，價格大約在1000元上下，容量約

100ml。因為它同時含有大豆油、琉璃苣油，是三合一的保健食品，我覺得比單純的月見草油更佳。（「肯園」總店在新生南路、網路上也可以購買得到。）

　　我是前幾個月，由朋友介紹這款健康食品的。因為這個油有一股青草腥味，LULU剛開始有點害怕那個味道，沒有很認真吃，斷斷續續的偶爾吃一點。以前年輕，並不覺得身體保健那麼重要，近來因為工作太忙，我發覺月經期變長了，有時候結束後並不太乾淨，不像以前月經都結束得很乾淨，身體也開始覺得疲倦、皮膚變差了！於是，我最近開始認真地吃月見草油。但是因為很害怕那個味道，所以我通常吃完一匙，就趕快喝一大口咖啡或是水，把味道壓下去！

　　喝月見草油大約一個多月之後，真的體會到她的好處！第一個明顯改善的，就是皮膚！我覺得我的皮膚變得光滑多了！還有更神奇的就是──我的胸部變大了！哇塞！真的不誇張，我大約「長大」了半個到一個CUP喔！傑克，這真是太神奇了！所以，LULU老師現在已經吃完一瓶，準備繼續吃第二瓶囉！但是記得，一定要在空腹的時候吃喔！LULU老師強力推薦！

生理期 多補血

補血食品包括：紅糖薑湯、紫米紅豆湯（紫米於一般超市即可以買到）、薑絲豬肝湯。這可是「LULU媽」家傳的補血小秘方喔！從發育期開始，LULU媽媽就會煮給我喝，這幾種食品，有助於子宮收縮正常，對月經不順的人很有效用！而且，這幾款湯都很可口，是我的最愛呢！

黑糖薑湯

（可依個人口味調整黑糖量）

材料 黑糖兩大湯匙　薑片四
　　　 到五片

功效 幫助經血順利排出、幫助
　　　 子宮保暖，使子宮收縮正常

作法 800CC水煮開後，加入薑片及黑糖
　　　 煮沸五分鐘即可

紫米紅豆湯

材料 紅豆　紫米　大同電鍋

可以看個人喜好調整紅豆與紫米的比例。一般紫米比紅豆可以1:2
或1:3，喜歡吃紫米的的話，也可以1:1

作法　紅豆及紫米浸泡水過夜放入電鍋，水至少要多材料的7~8
倍，外鍋放一杯水，按下開關後，大約30分鐘會跳起。需再悶15-20
分，看是否熟軟，若不太熟，可以再煮一次（外鍋再加半杯水）。之
後再加黑糖。若此時水太少的話，可以加熱開水或放置瓦斯爐再煮一
下。

功效　補血之外，還能補充鈣質、穩定情緒，最重要的是，能平衡
女性機能。

除了這幾款甜品之外，生理期結束三天以後，也可以燉煮「四物雞湯」，去中藥鋪買四物自己加雞腿燉煮就可以了。因為經血排完之後，這品湯可以保養子宮，幫助平衡女性賀爾蒙。

睡前按摩下腹部

睡前，沿著肚臍，做旋轉式的按摩，右上、左上、左下、右下，約20圈至30圈，可以搭配合「玫瑰天竹葵」精油，有效地改善內分泌失調問題。冬天的時候也可以搭配「肉桂」精油，因為手腳比較冷的時候，肉桂有促進血液循環的功效，可以促進新陳代謝。通常，月經前後LULU老師習慣用玫瑰、或玫瑰天竹葵精油，在經期當中我習慣用肉桂精油。肉桂精油擦完全身就會馬上熱呼呼的，很舒服喔！

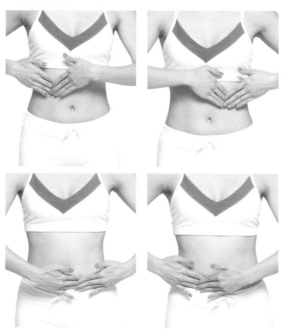

另外，在睡前，也可以用2滴薑精油、1滴天竹葵、1滴杜松，以15ml的甜杏仁油當作基礎油，調和製作按摩精油。在晚間以精油按摩，可以深入皮膚，幫助水分和脂肪的代謝。也可以消除大腿、肚皮的橘皮組織。作為下半身精油也很有效，一星期左右就可以看到效果！

維他命的祕密

LULU老師從前試過很多的減肥方法，有一陣子我曾經以「吃代餐」減肥。在那一段期間，我看了許多關於維他命的書籍。我發現，適當的補充維他命，可以讓瘦身更簡單！我自己在親身經歷之後，也發現正確的攝取維他命，可以讓自己的減重計畫事半功倍！真的！

1. 補充維他命B群，可以提高身體的免疫力，預防口角炎等疾病，並且幫助代謝脂肪。

2. 補充維他命C，則可以讓皮膚白晰、光滑、美麗。

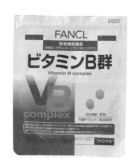

3. 補充鈣＋鎂，可以結合腸道內的有害物質，刺激腸道，促進排便，是便秘者的福音喔！因此，我後來都改喝「礦翠」礦泉水，1.5L的礦翠含有相當於3杯牛奶的鈣質。

4. 補充鉀，可以調節細胞中的水分含量，幫助排出體內多餘的鹽分與水分，預防水腫。

5. 補充「喝的葡萄籽」：LULU老師推薦「美安OPC」（直銷產品，網路也可以購得。），它對於減肥期間的皮膚問題十分有效。減肥期間皮膚難免比較缺乏光澤，瘦下去時也容易出現皺紋，葡萄籽可以適時滋養皮膚，改善這些皮膚問題。

有一次，一位比較年長的長輩，他很注重養身，來找我時送了我兩罐葡萄籽油。結果我吃了一個月，明顯發現皮膚變得很「透」，不再感覺暗沈，變得有彈性，差別非常明顯。至此以後，我就非常推薦大家吃葡萄籽油。但是LULU老師強調，一定要很有恆心，持續地吃才有效喔！

internal
secretion

精油泡澡可排脂

精油配方：3滴薑、3滴天竹葵。（薑要以奶球乳化之後加入，不可以直接滴入喔！）

以精油泡熱水澡，不但可以促進新陳代謝、加速血液循環，還可以軟化脂肪，幫助脂肪排出體外。

每天順暢ㄅㄅ必吃

人體裡有70%的毒素，是由糞便排除的，因此，養成每天排便的習慣，非常地重要！大多數內分泌失調的女生，其實都有便秘的問題，因此，解決便秘，是減肥的首要條件之一。那麼，我們要如何讓自己可已在每天早上起床後，就順利地排便呢？首先，早上起床後，可以喝500cc的溫水，加上1/5茶匙的海鹽（生機飲食店可買的到）。通常LULU老師是先喝一半溫鹽水，再吃一匙「月見草」油，再喝完剩

下的一半海鹽水。這樣，有助於你剛睡醒的腸胃開始蠕動。溫鹽水也有助於排清宿便。

另外，也可以在前一天晚上，喝FANCL「芳珂青汁」或「舒暢補給站」，百貨公司、藥妝店皆可以賣到。「舒暢補給站」是粉狀的，晚飯後一小時，可以沖泡300cc的水，隔天就可以很舒暢囉！它內含甜菜根纖維，LULU老師喜歡混在果汁裡面飲用。或是吃一顆蘋果、柳丁等等的高纖水果，既可以充飢解饞，也可以幫助你隔天起床，能順利的排便。

三個幫助內分泌平衡的瑜珈動作

 吉祥式

1. 將坐骨坐穩在地板上，雙腿屈膝，腳尖向前，兩腳腳板靠在一起，腳跟盡量靠近鼠蹊部，雙手往前握住兩腳腳板。

2. 吸氣，將背部挺直，用大腿內側的力量將雙腳膝蓋往地板方向壓。

3. 吐氣，讓大腿回來一點，放鬆髖關節。

4. 再一次吸氣，背部延伸；吐氣，從髖部將上半身往前延伸拉長。

5. 配合呼吸，重複4的動作5~15次。

6. 最後吸氣，吐氣，鬆開雙腳。

功效 刺激生殖系統的穴道，加強子宮收縮。

 **吉祥前彎式：**

1. 將坐骨坐穩在地板上，雙腿屈膝，腳尖向前，兩腳腳板靠在一起，腳跟盡量靠近鼠蹊部，雙手往前握住兩腳腳板。

2. 吸氣，背部挺直，用大腿內側的力量將雙腳膝蓋往地板方向壓。

3. 吐氣，讓大腿回來一點，放鬆髖關節，身體往前延展。再一次吸氣，背部延伸向上回正。

功效 加強子宮跟卵巢的功能，是進階級的吉祥式。

排毒的專業訓練！
現在就接受

Chapter 6

現代人身處在充滿環境污染的時代，穿的衣物、住的環境、飲用的水、甚至呼吸的空氣，都難免有各式各樣的污染存在，更不用說每天我們還要吃五穀雜糧、各種各樣的食物了！因此，人類的身體裡，常常累積了許許多多的廢棄物──也就是所謂的「毒素」。

這些毒素，存在身體裡，嚴重的，會讓我們生病；輕微的，也會讓我們皮膚粗糙、精神受到影響。當然，我們要身體健康、窈窕美麗，當然就不能夠讓毒物留存在體內。否則不論是皮膚、內臟，都會受到干擾。

還好，我們的身體，自然有一套排出毒素的系統。器官的運行，除了會將不需要的東西排出身體之外，每當我們排泄、流汗時，也會把身體中的毒素排出。根據研究顯示，我們身體中的毒素，有70%是從糞便中排出，另外20%是由尿液排出，還有3%是從汗水中排出，1%則是由指甲、毛髮中排出。

因此，我們除了要養成良好的排便習慣、多喝水之外，另外LULU老師還要教大家三個排毒的好方法，就是──泡澡、按摩、喝排毒果汁。

課程 01

泡澡

何時泡

　　LULU老師天天泡澡！現在已經有很多的養生專家發現，泡澡的確有益身心健康。但是，泡澡方式一定要正確，才能對皮膚、身體產生正面影響，不正確的泡澡方式，反而會增加皮膚的負擔。

　　不管再怎麼忙、再怎麼累，我每天都一定要泡澡15~20分鐘。其實，泡澡時間不必太長，主要是達到出汗的效果，如果你沒有時間運動，就可以藉由泡澡排汗來排除身體裡的毒素。尤其是泡澡時皮脂腺的開口會張開，除了排水汗也會排出「脂汗」。排除脂汗也是一種排毒。另外，泡澡也有利尿的效果，水的壓力會讓人想要尿尿，幫助解除身體水腫的問題，對瘦下半身也很有效果。

泡澡的溫度

　　泡澡的溫度不必太高，水溫比體溫略高，大約在39~40度即可。太高的溫度會破壞皮膚的自然保護油脂，使得皮膚過於乾燥，並不適合。而且水溫太燙會使血管過度緊張，高於42度的水溫，對於有心血管疾病的患者太過危險。因此，溫水浴不但冬天可以泡，夏天也很適合。藉由泡澡，不但可以活化心臟功能，加速新陳代謝，消除疲勞，冬天泡澡更可以保持體溫，促進脂肪代謝，使免疫系統加強。LULU老師一直都有子宮後傾的問題，很容易受寒，冬天泡澡可以讓我手腳溫暖，睡得比較舒適。

加這些更有效

通常，LULU老師泡澡時會選擇「半身浴」，就是水的高度約在肚臍以下，最後五分鐘才會將全身浸入水中，做全身浴。另外，在泡澡時我也習慣會加一些泡澡油、按摩油，或是海鹽、精油。我比較常泡的就是單純的海鹽，一包30元的那種，只要去生機飲食店就可以買到；冬天時可以磨碎一些生薑片加在浴缸裡，生薑有促進血液循環的功能，可以保持身體的溫度。

課程 02
淋巴排毒按摩法

我們都知道，人體內分佈有許多淋巴，掌管身體的內分泌問題。淋巴排毒按摩法，可以幫助我們順暢淋巴，達到排毒功效。可以的話，盡量每天都做，效果大約兩、三天，就可以感到神清氣爽，消除疲勞、浮腫感！

1. 兩邊腋下靠近胸部的淋巴結部位：以雙手擠、捏、揉、壓，兩邊各 9 次，不必太過用力。

2. 平躺，以兩手中指與無名指輕輕按壓大腿根部（鼠蹊部位），按五秒鐘、吐氣休息、按五秒鐘、吐氣休息，重複9次。可以配合玫瑰或是天竺葵按摩精油按摩。

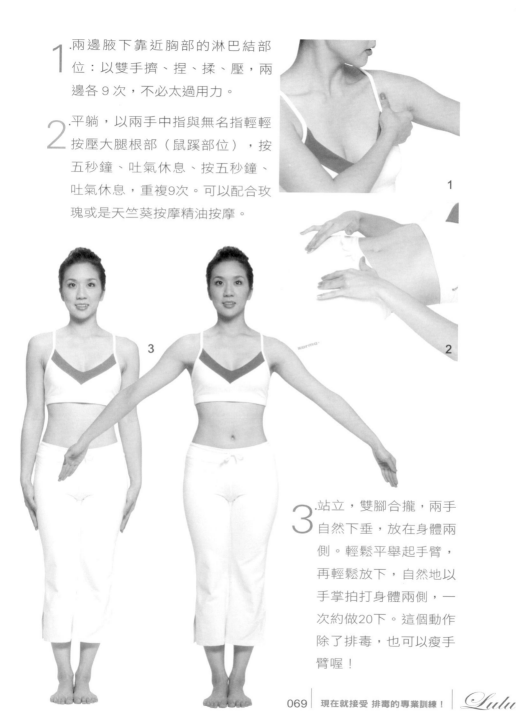

3. 站立，雙腳合攏，兩手自然下垂，放在身體兩側。輕鬆平舉起手臂，再輕鬆放下，自然地以手掌拍打身體兩側，一次約做20下。這個動作除了排毒，也可以瘦手臂喔！

Three methods eliminate in vivo toxin

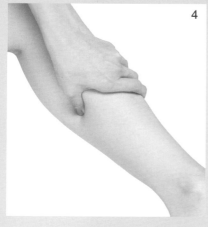

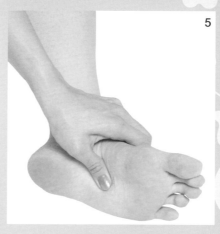

4.平坐，雙手各握住一邊小腿，以大拇指按壓揉捏內側小腿肚的中點。

5.將腳屈起，握住腳掌，以大拇指按壓腳掌心的「湧泉穴」。

6.以拇指按壓下巴下方、與喉嚨中間之凹陷處。平日即可隨時按摩，除了排毒之外，對於感冒、臉部浮腫、雙下巴，都有療效喔！

7.按壓耳垂後方的凹陷處。每次按壓15次，按壓時張開嘴巴，每次約兩秒鐘。

課程 03
排毒果汁

排毒果汁，是將身體毒素排除的一種食療方式。當我們身體不適時、大吃大喝之後，或是覺得身體酸痛、嘴巴臭臭、火氣很大時，都可以來上一杯排毒果汁，幫助身體排出毒素、清腸胃、達到瘦身健體的功效。早上空腹喝效果更好喔！

材料及作法：半顆蘋果、50cc不含糖優酪乳（有機店可以購得。也可以自製）、菠菜3~4葉、蜂蜜少許、枸杞20顆、100cc低脂牛奶，打成一杯綜合果汁。

如果，妳真是一個超忙碌的上班族，實在沒有辦法自己打排毒果汁，那麼，市面上有一些市售的果汁，也可以代替。不過，因為大部分的市售果汁含糖量都很高，所以LULU老師建議妳兩款低糖的飲品，真的太忙碌時，可以用來代替排毒果汁使用。日本進口的「可果美」纖體果汁，超市超商就買得到，不含糖與防腐劑。這款飲品LULU老師很喜歡，口感不錯，清爽，早餐配一個茶葉蛋就很營養了！

努力瘦升級偷吃步

ㄅㄨㄞ ㄅㄨㄞ

up
up
！

Chapter 7

打死也不讓罩杯縮水

眼看著體重計上的數字往下掉，肥肉逐漸消失，咪咪卻也搞起連鎖反應跟著少了幾個cup，怎不令人氣結？！瘦身不瘦胸真有這麼困難？

擁有一副傲人的身材，是很多女孩共同的願望。減肥期間，蛋白質的攝取還是很重要，如果不吃蛋白質、或是蛋白質攝取量不足，就會影響胸部的豐滿。LULU老師建議攝取的蛋白質以植物性為主，比如說無糖的豆漿、月見草油、大豆油等，多補充飽和脂肪酸，才可以保持內分泌平衡。尤其是女性，需要這些營養成分讓女性賀爾蒙平衡，因此多攝取大豆類食品是很必須的！黃豆、黑豆、豆漿，都是很好的食品。

減肥期間，適當的按摩與運動，可以刺激乳腺、強化胸肌的支撐力，雕塑美好的健康彈力。創造賀爾蒙與青春期相同的發育情境，讓大腦繼續指令分泌動情激素，也是可以幫助乳房增大。另外，藉由運動、飲食、按摩，不但可以減肥不減胸，甚至想要升等一兩個罩杯尺寸，其實也並非難事喔！

為什麼妳是太平公主？

首先，我們先來檢視一下，為什麼有些女性的胸部會呈現平坦、下垂、或是胸部皮膚鬆弛的現象？原因大約不出下列幾項：

1.卵巢、子宮機能不良，導致女性賀爾蒙分泌不足。

2.減肥過度或服用西藥，導致賀爾蒙失調。

3. 更年期到來，女性賀爾蒙降低。

4. 壓力過大，導致賀爾蒙失調。

5. 姿勢不良，彎腰駝背，導致胸部變形。

6. 內衣穿著不良，沒有適當的支撐。

7. 心肺功能不佳，血液循環不良。

8. 遺傳基因致使胸部平坦。

　　針對以上各項原因，除了最後一項的「遺傳因素」是先天失調，很難改變之外，其他各項都是可以用後天的方式加以琢磨的。LULU老師整理了「海咪咪小偏方」，要將自己罩杯升級、瘦身但不瘦胸的秘方傳授給各位希望擁有海咪咪胸部的女生！愛美的妳，千萬不可以錯過喔！

海咪咪絕對可養成

盡量不吃西藥

　　西藥因為要治療疾病，裡面有些會有改變內分泌的配方，容易破壞身體的賀爾蒙分泌，導致身體失調，最後不但變得更胖、胸部變醜，得不償失，所以不是必要，千萬不要亂吃。減肥藥則會讓你的身體失調，肥胖因此上身。LULU老師曾經歷過吃減肥藥反而吃到傷身的慘痛教訓，剛開始的確瘦下來了，但是一停藥就胖回去，而且越來越胖！加上減肥藥多半有副作用，不是頭暈目眩就是噁心想吐，這些都是因為使用藥物強迫身體在短時間改變賀爾蒙的緣故。身體在不自然的狀況下貿然產生改變，當然會有相當大的副作用及不適感。所以，LULU並不贊成使用減肥藥減肥喔！

沒事多按摩豐胸穴位

LULU建議可以使用豐胸精油配合豐胸穴道按摩，來保持賀爾蒙的分泌正常，促進胸部發育。

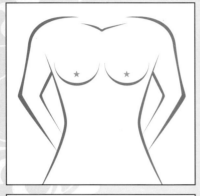

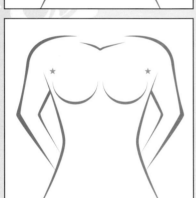

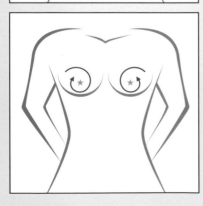

豐胸按摩穴位：

A、按摩乳中穴（即乳頭）

方法：以乳頭為中心，用五指捏壓乳腺體，每邊約一分鐘。

功效：刺激活化乳腺體及促進血液循環。

B、按摩中府穴（腋下往上約一指、乳頭外約兩吋的位置）：

方法：以雙手拇指同時壓兩邊的中府穴，一次至少五下效果較好，每下約3~5秒鐘。

功效：強化淋巴循環，達到豐胸效果。

豐胸精油配方

廣藿香1滴、茉莉2滴、天竹葵4滴、月見草油5ml、甜杏仁油10ml

方法：將豐胸精油塗抹於乳房上，避開乳頭，配合按摩即可。

功效：廣藿香的功效在於緊實肌膚，讓胸部有彈性；天竹葵與月見草則可以平衡內分泌，使女性賀爾蒙分泌正常。以甜杏仁油作為基礎油調和，讓這款按摩精油輕柔不油膩、好吸收。

Top secrets to make your breast bigger and bigger

利用經期調理身體

生理期間，盡量不吃生冷及寒性的食物，如果妳是過了發育期年齡很久的朋友，也可以試試看配合排卵期（註），多補充彈力素及膠原蛋白等保養食品。

註：排卵日期一般在下次月經來潮前的１４天左右，將排卵日的前５天和後４天，連同排卵日在內共十天稱為排卵期。較簡單的算法就是月經來潮後第八天開始到下次月經來潮前的九天左右。

豐胸按摩

月經來後的第11、12、13天，一般公認是是豐胸按摩的最佳時期。而月經後18～24天，這七天則是次佳的時期，可多利用此時間按摩乳房。一天至少做一次，可以利用洗澡前、睡覺前、都是按摩的好時機。可以配合豐胸精油的按摩油使用，效果更好喔！

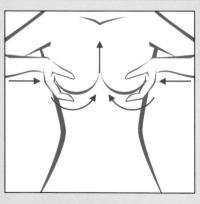

促進乳腺發育

方法：左手向上托住左邊乳房，右手手指併攏，由腋下外往內深入按摩約一分鐘，再換邊按摩也約一分鐘。

使乳房集中

方法：雙手虎口置於乳房外側，將乳房往內擠壓。接著，順勢將手腕轉彎，以虎口托起乳房，再順勢往上托起至乳暈處，即可鬆手。重複約20次。

豐胸瑜珈動作

 小拱橋：配合保特瓶

1.躺地，雙腳彎曲，雙手拿一個裝滿水的寶特瓶。

2.吸氣，雙手往上延展。

3.吐氣回。

功效 緊實胸上肌肉

上提式

1. 雙手放在肩膀上，手肘朝前，上手臂與肩同寬。

2. 吸氣，手肘往上提。

3. 吐氣再回。

功效 刺激淋巴，強化上胸血液循環。

祈禱上揚式

1.雙手肘到手掌之間夾緊。

2.吸氣，手肘往上提，手肘仍然夾緊。

3.吐氣下。

2

1

功效 強化胸部肌肉、預防胸部下垂。

祈禱扭轉

1.合掌胸前，手肘上提，與肩同寬。

2.吐氣，從腰部以上往右扭轉，雙手不動，保持三個呼吸。

3.吸氣回正。

4.再換邊。

功效 刺激乳腺、豐胸、加強脂肪吸收。

🌿 後延展

1. 雙手交扣，往上延伸。

2. 吐氣，手肘彎曲，往後延展。頭往前，保持呼吸一分鐘。

功效 刺激淋巴、加強循環、緊實胸部肌肉。

豐胸食物都在這裡

種子、堅果類的食物，像是黃豆、花生、杏仁、核桃、芝麻，都富含蛋白質、卵磷脂，對於胸部發育很有幫助。另外，植物種子的衣膜部分有促進性腺發育的作用，像是玉米，也是最佳的豐胸食品。另外，膠質食物如豬皮、魚皮、海參、蹄筋、豬腳等，除了豐胸，對於增進骨骼生長、皮膚嫩滑也很有好處。

還有牛奶、豆漿、優酪乳，都是富含植物性蛋白質的食物，對於豐胸很有幫助。而木瓜有助於蛋白質的消化吸收，也是豐胸很好的食物喔！所以「木瓜牛奶」是豐胸聖品，可是有道理的！

再者，只要是富含維他命A及B的食物，有助於激素分泌，都可以幫助乳房發育，像是花椰菜、甘藍菜、葵花子油皆含維他命A，粗糧、豆類、牛奶、豬肝、牛肉等，則是富含維他命B的食物。

此外，在月經來前早晚吃一碗酒釀蛋，據說兼具養顏與豐胸的功能，因為甜酒釀含有醣化酵素，是天然的荷爾蒙！正處於發育期間的少女，如果氣血不足，可以用中藥「歸脾湯」、「加味四物湯」，調補氣血，幫助胸部發育。中藥材中的當歸、人參、枸杞子、淮山、蒲公英，也對豐胸有所助益。

其實，想要有個堅挺、漂亮的胸部並不困難，重點是妳要細心地呵護它。除了選購合適、支撐力良好的胸罩、吃均衡的飲食以獲取養分之外，游泳也是個很好的運動，尤其是蝶式與自由式，對於乳房的肌肉緊實和擴胸最有幫助！別忘了，定期性的乳房自我檢查也很重要喔！美麗之外，也要擁有健康，這是LULU老師一定要提醒你的！

魅力翹臀速成班

　　LULU老師覺得，臀部是女性很有魅力的所在，所以有一個豐滿、有彈性、不下垂的臀部，不僅穿起褲子來好看，也會讓妳的曲線更迷人。可惜東方人有好看臀部的人很少！其實，臀部的緊實是可以靠運動及按摩保持的！很多人很羨慕LULU現在的翹臀，但事實上我的臀部因為還蠻有肉的，所以很容易發胖，如果不注意維持，就比一般人更容易下垂，這裡可以跟大家分享三個我平常保養臀部的方法，讓妳輕鬆擁有翹臀喔！

養成平行站立的習慣

　　平日沒事的時候，訓練自己養成平行站立的習慣。平行站立就會用到臀部的力量。

　　瑜珈很多動作都強調平行的站立。以腳板外緣平行為基準，雙腳打開與骨盆同寬，平行站立。這時候，妳會感覺雙腳是平均地站立，大腿往上延伸用力。屁股不要往下推、不要往上翹，讓背部呈現自然的曲線。平常站立的方法可以多用這個方法，訓練臀中肌及臀大肌的力量，預防臀部下垂。

臀部按摩法

　　以塗滿乳液或按摩油的雙手，由下往上從大腿後側到臀部，配合上半身的左右律動，按摩臀部下方，預防臀部下垂。

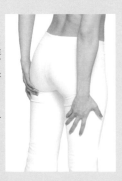

翹臀的瑜珈動作

弓式

1.身體俯臥在地，額頭貼地面，手心向下，雙腿併攏。

2.雙腿曲膝，手臂往後抓到腳踝。

3.吸氣，用背部、腹部力量將上半身與雙腳提起，胸口往前擴張，雙手手肘伸直，腳踝往後施力，臀部微微夾緊，雙腿往上延伸。

4.只有腹部在地板上，保持呼吸10~20秒。吐氣，上半身、雙手、雙腿慢慢回到地板，頭側到一邊，保持呼吸放鬆。

🦋 蝗蟲式

1. 身體俯臥在地，額頭貼地面，手心向下，雙腿併攏往下伸直。

2. 吸氣，用背部、腹部力量同時將上半身、雙手、雙腿往上抬起，上半身往前延伸，雙手手心面對身體，臀部微微夾緊，雙腿往後延伸。

3. 保持呼吸10~20秒。吐氣，上半身、雙手、雙腿回到地板，頭側到一邊，保持呼吸放鬆。

除了運用按摩、瑜珈等方式來雕塑曲線外，當然也有懶人的辦法啦！如果實在太忙，那也可以試試一種纖體對策瘦身貼，如果你覺得自己的手臂、大腿、小腹太胖，或是有點水腫，睡前可以貼一塊瘦身貼在這些部位，它能夠幫助你身體的自然新陳代謝，協助身體在日常活動中熱量消耗，不過要注意，最好是不要貼超過4~5個小時喔！

自我改造成巴掌臉——嬰兒肥

Chapter 8

LULU教妳睡眠瘦身法

睡眠，佔據人類一天三分之一的時間，當然是瘦身成功的關鍵之一囉！相信很多胖哥胖妹一定會問：「睡著了也可以減肥嗎？怎麼可能呢！」LULU老師就要告訴你：「當然可能！」養成良好的正確的生活習慣，你的身體，就無時無刻都在減肥喔！

一定要足8小時

因為很多人都認為胖子就是愛吃、愛睡，因此，LULU老師曾經一度以為，不吃、不睡就一定可以減肥！於是，我在大學時，曾經試著每天熬夜，以減睡、減吃的方法瘦身。沒想到，事實卻正好相反！睡不飽，身體就會水腫，反而看起來更胖！經過幾年瘦身經驗之後，我才體認，原來，不睡覺，竟然也是肥胖的原因之一！

因為當你不吃、不睡的時候，剛開始幾天或許可能瘦一點，但是，那全是假象！不睡覺讓你的內臟無法休息，新陳代謝失調、自律神經（交感、副交感神經）也失調，不但令人感到疲倦，身體中掌管「瘦」的「瘦素」（Leptin）也會降低，讓你不斷地想吃東西。長時間下來，反而變得更胖！

所以，每天要有充足的睡眠是很重要的，據統計，人類至少一天要睡7~8小時，才能夠保持身體的內分泌平衡。所以，要瘦身的人，記得一定要睡飽喔！

黃金時段

可以的話，盡量在9:00~10:00左右上床。再次之是11:00到12:00上床。現代人習慣晚睡，但是最遲、最遲，絕對不可以超過午夜2:00！超過午夜2:00不睡覺，等於是熬夜，與通宵不睡差不多相等了！所以，早點上床，對保持正常的內分泌十分重要，想要瘦身，一定要早點睡覺！由於工作關係，有時LULU也必須熬夜，不過我養成再忙、再忙，也盡量12點以前回到家，兩點以前上床的習慣。你會發現，前一天的睡眠會影響你隔天的精神狀況及膚色，嚴重的睡眠不足也容易造成水腫。所以以想要瘦的女生，一定要有充足的睡眠喔！

睡覺前三小時禁食

睡覺前吃東西，很容易讓脂肪囤積在體內，而且，胃裡面有很多食物時去睡覺，消化尚未完畢，也會影響我們的睡眠品質。所以，許多模特兒是過了晚間六點就不吃東西了，LULU老師覺得現代人睡得比較晚，晚上六點以後不進食會覺得肚子餓，因此改成建議睡前三小時絕對不要進食。

美女身上最怕有橘皮組織

「橘皮組織」主要的成因是因為肥胖而造成的，皮膚看起來好像橘子皮一樣皺皺的、泡泡的，甚至還有蜂窩一樣的坑坑洞洞、凹凸不平。想當然爾，皺皺的「橘皮組織」，絕對是美女們的首要敵人，非消滅不可！否則，哪個男人看到一個細皮白肉的靚妹，身上居然有「橘皮組織」，不會倒盡胃口呢?!

什麼樣類型的人容易有橘皮組織呢？答案是：新陳代謝不好、下

半身肥胖、西洋梨身材、缺乏運動的人。我們的皮膚原本應該是平滑的，不過，因為脂肪堆積、水分代謝不良，就會產生橘皮組織。一般來說，橘皮組織特別容易出現在大腿、臀部、手臂、腹部等等脂肪堆積的部位，因此，要改善橘皮組織，首先要先改善身體的血液循環。

改善身體血液循環的方法有：

再懶也要泡澡

其實泡澡是增加血液循環、新陳代謝很好的方式。天天泡澡不但可以排毒，也可以幫助消除橘皮組織，是非常重要的美容秘方。

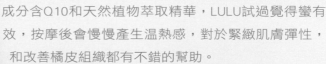

搓布瘦身

以一般藥妝店所售之「搓布」，搓揉大腿與臀部外側，可以有效改善橘皮組織。在使用搓布時，可以加添「改善橘皮組織」的精油配方一起在橘皮組織部位，做局部的搓揉按摩，效果加倍喔！

日本也有出一種適合東方人肌膚的按摩凝膠，據說

成分含Q10和天然植物萃取精華，LULU試過覺得蠻有效，按摩後會慢慢產生溫熱感，對於緊緻肌膚彈性，和改善橘皮組織都有不錯的幫助。

改善橘皮組織的精油配方

葡萄柚5滴、馬郁蘭2滴、杜松子2滴、廣藿香2滴，以葡萄籽油20ml作為基礎油調勻。

效果：可以打散蜂窩狀的橘皮組織，加強血液循環。

說到精油，LULU老師喜歡用品質比較好的品牌，雖然價錢偏高了點，但是品質比較有保障。而且，按摩精油跟一般點燈的精油是大不相同的，一定要是純的精油，不能含有其他易燃物、或是雜質，以免引起皮膚過敏。我建議買精油還是透過正統的精油專櫃、百貨公司比較好。我個人偏愛JURLIQUE茱莉蔻兒、AVEDA兩品牌，在百貨公司專櫃都買的到。

不要重口味

不要吃重口味的東西，太鹹、太甜、太辣的東西，最好都要避免、少吃。因為重口味會讓我們的腎臟負荷變大，水分不易排除，造成身體循環不良，就會容易產生橘皮組織。

Lulu 的按摩小偏方

專門對付橘皮組織、去角質的小偏方：

25g海鹽、5ml葡萄籽油、葡萄柚5滴、廣藿香1滴，混合後，塗抹在橘皮組織的部位，搓揉至微紅發熱，即可沖掉。不過，記得喔！這個小偏方只適合晚上使用喔！因為其中的成分具有感光效果，白天使用容易使皮膚曬黑。

幫助消除橘皮組織的瑜珈動作

🌸 盤腿前彎

1.盤腿坐姿，在尾椎下方墊一條毯子，雙手
自然放在膝蓋上。

2.身體往前延展，讓額頭碰地，保持呼吸，
停留1~2分鐘

鴿子式

1.左腳在前膝蓋彎曲，右臀坐地，左腳往後延展，雙手微微推地，十指張開，背部往上延展。

2.身體往下延展，手肘撐地。

3.吐氣，從尾骨出發研展背部讓額頭貼地，保持呼吸，停留1~2分鐘後再換邊。

功效 改善橘皮組織。這幾個動作都是可以改善下盤血液的不良循環，延展臀大肌（臀部兩側）的肌肉、幫助你加強下半身的代謝跟循環。

輕鬆當個小臉美人

　　眼看伸展台上的美麗模特兒、八點檔偶像劇的女主角,都是一張楚楚可憐的巴掌臉,不用說,「小臉蛋流行」恐怕在短時間內都不可能退燒吧!而且,很多女生瘦歸瘦,一張臉蛋就是肉肉的,上鏡頭、照相都很吃虧,看起來總是讓人家誤以為是個胖子!這到底該怎麼辦呢?

　　LULU老師剛開始上電視時,也很為這一點苦惱!因為電視有擴張效果,本來不算圓的臉蛋,在電視上可就顯得更圓啦!經過多番打聽及不斷的試驗、討教,及翻書找資料,LULU老師終於找到了幾招「瘦臉」救星,現在,一張圓潤的臉蛋,已經慢慢的變成了瓜子臉啦!

LULU的瘦臉秘招

按摩「咀嚼肌」

　　請眾家兄弟姊妹,以兩隻手分別從左右捧住你的臉蛋,然後咬緊牙根、再鬆開牙根,這時候,你是否感覺到,你的臉頰兩側,是不是有一小塊肌肉鼓起來呢?沒錯!那就是我們的「咀嚼肌」!很多咀嚼肌很發達的人,臉型看起來就是會比較大、比較方,因此現在有很多女明星,紛紛在咀嚼肌上做手腳:打肉毒桿菌,將它消掉!不過,肉毒桿菌

Face
massage

打下去之後，短期內會肌肉無力，沒辦法咀嚼稍有硬度的食物，而且只能維持半年至一年的效果，最重要的是：肉毒桿菌很貴！並不是一般人負擔的起的咧！

LULU老師在此提供你一個既不花錢，又簡單有效的方法，那就是：將雙手握拳，以中指、無名指的關節處，畫圓的方式，往前、繞圈的按摩，按一次大約五分鐘，每天有空就做，讓肌肉鬆弛。你的咀嚼肌，將之軟化鬆弛，同時達成小臉的功效喔！畫圓的方式，往前繞圈，效果大約在一星期後可以看到，但是不必太過用力，以肌肉感到微酸即可，不需要太過用力。

按摩的時候，也可以搭配「克蘭詩」瘦臉霜，或是「瘦臉道具」：一根小木棒沿著咀嚼肌，由下往上推，有緊實拉提的效果．睡覺前做五到十分鐘。一個月後就可以看到效果喔！

（瘦臉小木棒可以去一般的美容器材店找，不過很多都是塑膠製的，LULU老師比較偏好木製的質感，如果非要用木製的，就學LULU老師去鶯歌的木製品工藝店去找找看吧！）

消水腫

很多的肉餅臉，其實不是真正的臉大，而是水腫造成的！因此，適度地做淋巴的按摩，可以有效的排除水腫，讓你的臉蛋恢復小臉原貌！ＬＵＬＵ老師經常在早上起來，臉有點水腫時用這幾招，讓臉部在短時間內立刻恢復原貌，不像早上剛睡醒腫腫的樣子，非常有效喔！

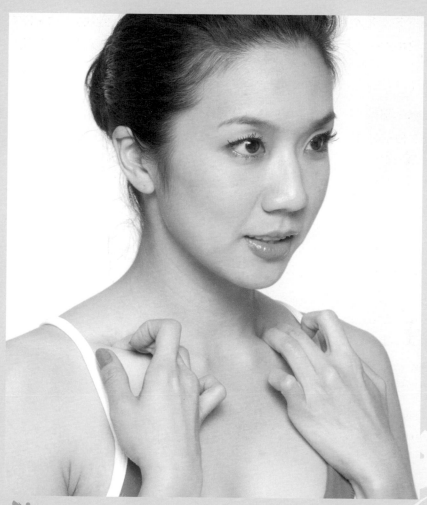

🌸 第一招

按摩鎖骨處的淋巴：以中指與無名指往下按壓。沿著內凹的地方往內扣，輕輕的，力道不用太大，感覺微微痠痛即可。

功效：緊實頸部肌肉消除臉部浮腫．

時間：早上起來發現臉部浮腫，按十分鐘即可有效改善！

第二招

按摩耳朵正下方靠近臉頰處的凹陷處，以手指輕輕按壓，感到微痠即可，同時將下巴抬起將嘴巴打開、閉起下巴微收，反覆數次。

功效： 改善臉部浮腫、水腫性的小臉方式，

時間： 適合消除水腫，化妝前做，按壓十分鐘即可有效改善。

熱 敷

當早晨起來臉部水腫嚴重時，不妨熱敷臉部，促進血液循環，可以有效去除水腫，讓臉蛋恢復原貌。不過，要注意水溫，以溫水為最佳，因為臉部皮膚較為細緻，要注意水溫不能太熱！

避免嚼食口香糖

　　如果想當一個小臉美女，就暫且放棄口香糖吧！因為嚼食的動作，會使我們的咀嚼肌越來越發達，也就會使我們的臉部看起來比較寬而有力。因此，像是牛肉乾、豬肉乾、豆乾、魷魚絲、蒟蒻條之類需要不斷用力咀嚼的食物，最好避免食用，以免臉蛋變大！

Lulu 的小偏方──瘦臉茶

　　這是LULU老師的獨門秘方「茯苓陳皮茶」喔！專門幫助去除浮腫、改善虛胖，很有效喔！

茯苓陳皮茶：

材料：茯苓4g、陳皮3g、綠茶葉或綠茶包3g

作法：將茯苓與陳皮加入清水煮20分鐘，再加入綠茶葉沖泡即可。

　　功效：消除浮腫、去除水腫

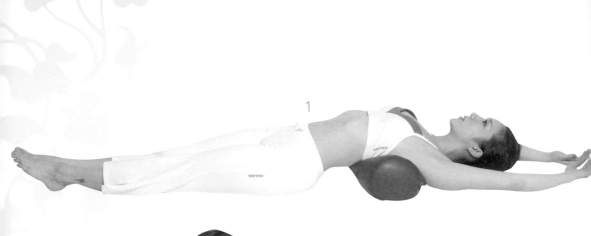

1

2

瑜珈瘦臉法

 休息後仰式

刺激淋巴促進新陳代謝，配合臉部按摩，可以達到瘦臉目的。

 後拉手

可以刺激淋巴，延展頸部肌肉，達到瘦臉功效。

Chapter 9

解開lulu的食物密碼

想吃隨時吃 想瘦就能瘦

你曾經想過嗎？我們每天都要吃進肚子裡許多東西，究竟是為了什麼？是為了滿足口腹之慾？還是為了讓身體得以存活？

　　在減重的這段過程中，你是否曾經想過食物對你身體的意義？食物，是身體的燃料，就像你不會把柴油加到使用汽車的汽車油箱一樣，你必須盡量選擇「對的食物」。因為，我們每天吃進身體裡的食物，應該是要讓自己的身體越來越健康，而不是讓身體不斷累積廢物與毒素。

　　因此，在減重的過程中，最重要的一點，就是要養成飲食的好習慣。LULU老師在這裡要將自己的親身經歷分享給大家：減重並不是不吃，也不只是少吃，最重要的，就是要選擇「對的食物」以及「對的飲食方式」。

吃得聰明
吃的是時候

餓了就要吃

　　我在過往的減肥史中，有很多次腸胃炎的紀錄。後來，我發現，這都是減肥中的不當習慣所造成的。因為，我們常常要身體聽我們的話，卻不專心聽聽我們的身體在說些什麼！

最壞的飲食習慣，就是不餓的時候，一直不停地吃東西，然而，餓了的時候，卻不趕緊吃東西。我們經常不聽身體的話。久而久之，我們的身體當然會生病，向我們抗議！

　　肚子餓，一定要吃東西。隨身可以攜帶一些低脂蘇打餅乾，或是不會胖的小零食像是海苔、蒟蒻、無糖低脂爆米花、蘋果等等。女性生理期間，也可以帶一些堅果類的零食，堅果含有不飽和脂肪酸，可以補充熱量及維生素。食量大的人，盡量選擇非澱粉類的食物，以熱量低的蔬果為主。但是，如果你沒有隨身攜帶糧食的習慣，可以選擇喝一碗清湯或蔬菜湯。總之，不要讓自己餓著，不然可是會餓出病的喔！

不要吃太少

　　在減肥期間，很多人的問題就是吃的過少、甚至不吃！LULU老師也曾經歷過這樣的減肥歷程，不但餓得頭昏眼花，身體也搞壞了！而且，吃得太少會造成一個問題，那就是無法排便。我們的身體需要大量的纖維，如果沒有足夠的膳食纖維，就無法順利的排便。因此，該吃的還是要吃，只是要記得選擇「對的食物」。

宵夜，可以這樣吃

　　照理說，不吃宵夜會瘦的比較快。不過，減肥期間容易肚子餓，完全不吃宵夜，可能沒辦法睡的好，會一直很想吃東西。這時候，LULU老師還是覺得——吃吧！聽身體的話比較好！

不過，吃的時候要注意：宵夜不要吃太飽。

選擇低熱量的食物：LULU老師最愛的「寒天泡麵」（微風廣場有售），一整碗只有39卡的熱量。或是吃一顆蘋果、喝一杯低脂牛奶，或是一片低脂起士。

避免吃垃圾食物

高度加工的食品，或是不易消化的食物，如太精緻的糕點、罐頭、漢堡、薯條、香腸、丸子、醃漬品、甜的飲料等等。

聰明的進食順序

減重期間，每一餐進食的順序最好是湯→蛋白質→蔬菜→澱粉。

先喝湯，可以讓胃先有飽足感，避免吃下過多的食物。再來吃蛋白質的食物，因為蛋白質消化時間比較久，我們的身體在消化時也要消耗熱量。最後吃澱粉類的食物，主要是因為之前吃了別的食物，已經漸漸不餓了，因此才可以避免吃掉過多的澱粉類食物。

進食時計算熱量

其實養成進食前或點餐前，先在心中計算一下熱量的習慣，對減重是非常有幫助的！我在減肥過程中，看了很多書，也去聽了瘦身中心的營養課程，發現自己會計算食物的熱量，真的很重要！其實，大家不要把算熱量這件事想得很難，只要掌握大原則就可以！

一般說來，LULU老師的建議是，早、午、晚應該進食不同比例的食物。比方說，假設一天要吃一定量的蛋白質、澱粉、蔬菜水果，那中午以前就可以將70％的蛋白質份量吃掉，晚上只佔30％。澱粉類食物則應該在中午前吃掉80％，晚餐只能佔20％。蔬菜則是早晚各佔一半。而且，盡量把青菜、水果放在晚上吃。不過，記得，水果必須挑

選糖份或是澱粉較低的，太甜的哈密瓜、西瓜、葡萄、荔枝、龍眼、香蕉，就盡量少吃。多吃蕃茄、芭樂、蘋果。

像LULU喜歡甜食，難以抗拒餅乾、巧克力的誘惑，那麼我就會在早上以咖啡配餅乾或巧克力當早餐。中午就以白飯配菜為主。不過記得，一天不能超過兩碗白飯喔！如果今天想吃麵包或是麵條，也盡量在中午以前吃掉。油質類的食品，中午過後再吃。晚餐時，就盡量以蔬果為主。

不要快

細嚼慢嚥，讓食物得到完全的咀嚼，身體也較容易吸收，把吃當成一種享受。慢慢地吃比較不容易一下子吃進去太多的食物，因為我們的飽足感傳遞需要一些時間，吃飯太快的人，往往在飽足感尚未傳遞過來時，已經吃下了太多的食物了！

吃對的油 對的點心 對的食物

不要吃清淡無味的食物

想要控制體重的人，通常都會吃的又少又可憐，甚至吃一些沒有什麼味道的食物。這雖然沒錯，但很難讓人一直持續下去！每天吃的東西乏味又難吃，難怪會有這麼多人想放棄！LULU老師建議，儘量選一些好吃又熱量低的食物：比如說來一碗薑絲蛤仔湯、半碗白飯、一盤燙青菜、一份加醬油的豆腐或豆乾，外加一顆滷蛋，就是一份營養好吃、又不易發胖的中式餐點！

盡量吃簡單的食物

因為減重時要控制熱量，所以最好吃單一的食物，比較容易控制熱量。比方說，吃白飯＋青菜＋肉，就比吃水餃、炒飯來的好，因為妳無法計算水餃中的肉菜比例及肥肉、瘦肉的比例。也難去計算妳吃的炒飯中有多少蛋、肉，或是飯。

外食這樣吃

對於減重的人來說，方便跟自然是很重要的。一直吃「特製」餐點或是蔬菜水果，在執行上往往有困難，而且也很難以持續下去。我認為，訓練成一種選擇食物的習慣，比「一定要吃什麼」來的重要！比方說，LULU老師也常常在小吃攤吃三餐，但是，我一定會選擇營養的食物，讓每一餐吃進去的食物，都是營養、熱量又不高的食物。在這裡，我可以給大家一些建議。

早餐

選擇土司，最好就選全麥的，營養成分較高。不要塗奶油，改加含鈣質較高的起士或蛋白質豐富的雞蛋。不過，兩者都是蛋白質類的食物，因此選擇一項就好。飲料的話，就不要再配同樣為奶類的牛奶，而可以改配豆漿。減肥是長期抗戰，所以要著重均衡，同類營養素的食物最好選擇單項就好，身體比較容易消化、負擔比較輕。

午餐

切一份豆乾、海帶，再加上半碗意麵，營養均衡也很好吃！同樣的道理可以轉換為一碗冬粉、配一碟滷虱目魚，再加一碟燙青菜，或是半碗白飯配上一碟滷白菜、一支滷雞腿。可以自己多組合一些不易發胖的餐點，就

可以吃得好、又吃得健康了！

買便當的話，記得飯一定要減半，所有的肉類，盡量都以滷的為主，不要油炸的。主菜如果是肉的話，就不要再配豆類的配菜，因為蛋白質會佔太大的比例，讓我們的身體負擔過大。有的減肥餐會教妳分類吃，一餐吃蛋白質、一餐吃澱粉……等等，讓身體比較容易消化熱量，這是很有道理的，只是作法上有點太辛苦，不容易執行。LULU老師的作法是：盡量選擇營養類別單一化的吃法，意思就是說一餐中選一種動物性蛋白質、一種澱粉、兩種蔬果，也可以達到同樣的效果。

因此，妳如果已經選了雞腿或排骨為主菜，配菜就不要有豆乾等蛋白質食物，澱粉類如果已經有了米飯，就不要再選馬鈴薯當配菜，或是同時又吃了冬粉、米粉。

晚餐

冬天常有機會吃小火鍋，那麼，妳可以盡量不要選魚漿類的東西吃，像是丸子等等。即使要吃，也要控制數量。主食最好直接吃青菜、肉類，冬粉跟米飯。不要選麵食，也盡量不要喝甜的飲料，最好搭配無糖茶飲。還有，記得不要喝太多湯，因為湯裡面油脂太多。

沾醬最好以醬油、醋、蘿蔔泥……為主，愛吃沙茶醬的人沙茶醬最好要減半，控制在一茶匙內。像這樣吃小火鍋，就保證不會發胖了！

點心

常常聽到有些在減重的女生，一天當中可能早午晚餐都吃水果，一天當中就是下午吃個「甜不辣」。那麼，LULU老師建議妳，與其吃進一些熱量高卻營養價值低的「甜不辣」，妳還不如去吃

個營養的小火鍋。因為「甜不辣」主要成分除了澱粉之外，並沒有其他太高的營養價值。

正餐一定要好好吃，最好吃進涵蓋五大類營養素的食物，不要吃蚵仔麵線、肉丸這些熱量高卻低營養價值的小吃。當然，嘴饞時偶一為之可以，但是絕對不要想說：「我平常都吃蔬果，一點小吃不算什麼！」真正要吃東西，就要吃營養的！減肥時吃的少，所以每一餐一定都要有營養。

蘋果是很好的點心，也是LULU的最愛！有時候在餐廳吃飯，沒有蔬菜也沒有關係，飯後可以補充一顆蘋果！總之，吃的每一餐都不要浪費，讓每一餐的營養豐富，不要吃下一堆垃圾食物卻又沒有營養喔！

多吃新鮮蔬果

蔬果可以帶給身體正面的能量，也含有豐富的酵素可以被身體吸收。不過要注意，如果烹調超過攝氏118度，很容易破壞蔬果中的酵素成分，十分可惜。另外，生鮮蔬果也能夠提供清潔腸道所提供的膳食纖維，在進行體重控制計畫時能夠發揮有效減重功能。

LULU老師自己最喜歡的幾種蔬果是：

花椰菜：它可以防癌、有充足的葉綠素，又可以讓人有飽足感，唯一要注意的就是一定要洗乾淨喔！

芹菜：纖維素高，口感好。不過胃不好的人不要多吃，比較不好消化。

地瓜、地瓜葉：地瓜因為澱粉含量高，最好在早上、中午吃。它的纖維質含量很高，不需要農藥就可以成長，是很安全的食物。地瓜葉的營養豐富，價格便宜，也是很好的蔬菜喔！

高麗菜：溫性的高麗菜，對胃很好，不燥、不寒，不論切絲沾醬生吃，或是川燙吃，都很好吃！

Healthy
vegetable juice

蛋白質超重要

根據研究顯示，平均每個人1公斤的體重，就需要1公克的蛋白質，以因應身體24小時的成長和修護需求。活動量大的人需要更多蛋白質。但是，許多人的蛋白質攝取量卻並不足夠。尤其是想要控制體重的人，更是如此。因此，建議在減重的人，一定要攝取每日所需的蛋白質。為了減少身體過多的負擔而造成一些疾病，建議改攝取植物性蛋白質，例如豆類食物，或者新鮮魚類，（痛風病患除外）。另外，LULU老師習慣多吃白肉，少吃紅肉。因為紅肉較多膽固醇，所以容易讓身體變酸。

澱粉類食物怎麼吃

如果，你聽過「高蛋白、低碳水化合物」減肥法，那麼，你可能會以為，減肥的時候絕對不能吃澱粉類食物。事實上，並不是所有的澱粉類食物都不能吃。雖然過多的碳水化合物如果沒有被身體充分燃燒掉，的確會囤積在身體裡，變成脂肪，但是，完全不吃澱粉也是很容易生病，而且會讓自己的情緒不好。

因此，正確的作法應該是：選擇熱量釋放速度比較慢的碳水化合物食物！這類的食物可以幫助人提升飽足感並且有效滿足飢餓感。也就是說，這類食物的消化和吸收速度比較慢，因此不容易讓你感覺飢餓。例如：黑麥、燕麥、全麥的麵食、玉米、豆類、馬鈴薯、地瓜…等等，都是優質健康的碳水化合物。

LULU老師並且建議，能吃米飯，就盡量吃米飯，不要吃麵。為什麼呢？因為在中醫的說法裡，米飯可以調節血氣的運行，血氣順，就不容易手腳冰冷、經血不順，對女人的子宮大有好處！而且麵食類的麵包、饅頭等多為發酵、加工過的食品，其實不如白米飯來得天然、單純。

三種好油

有些人在減重的時候，全部都吃燙熟的食物，完全不加油脂，事實上這樣是不對的！我們的身體需要脂肪，才能夠吸收維生素A等脂溶性維生素，皮膚才會潤澤、營養才會均衡，才有足夠的抵抗力，不容易生病。因此，最好可以選擇對人體較好的油脂，像是橄欖油、大豆油、琉璃苣油等等。尤其LULU老師特別推薦冷壓初榨的「處女橄欖油」（Extra Vergin），質純香醇，拌沙拉味道不錯喔！（不過有些油不能烹調，要注意喔！）

一天一杯咖啡或綠茶

水能載舟、亦能覆舟，很多人聽說咖啡因能減肥，一天到晚喝個不停，結果反而讓自律神經失調，無法好好休息，造成失眠與水腫！LULU也很喜歡喝咖啡，不過，每天中午12點以後，我就絕對不再喝咖啡。咖啡最好在早上喝，除了提神醒腦之外，也有減重的效果。最重要的是，早餐喝咖啡，可以在入睡前完全代謝掉咖啡因，不干擾睡眠。

瑜珈人都吃什麼怎麼吃

很多人都很好奇，瑜珈老師的身材聽通常都很好，他們究竟都怎麼吃呢？或是練習瑜珈有沒有配合一些特殊飲食或是特殊的禁忌呢？在這裡，LULU老師可以大方跟各位分享我

的食譜。

　　練習瑜珈之前，我通常都吃一些水果或是流質食物。如果以一頓的正餐量來算，必須在練習瑜珈前兩小時食畢。我通常在練習瑜珈前，盡量不吃東西，否則的話，很容易胃痛、甚至想吐。

　　練習瑜珈之後，我會喝下五百CC的礦泉水來補充水分。我想鼓勵習慣喝甜飲料的人：要完全改成喝沒有味道的水，一開始的確有點困難，可已從練習喝味道清淡的飲料開始。像我之前就是從喝一種「水蜜桃口味的礦泉水」開始，再逐漸轉而練習喝沒有味道的水。通常我會在練習瑜珈後至少約一小時後再進食，這樣可以加強鈣質的吸收。

　　瑜珈境界中，將食物分為：「無肉」、「全素熟食」、「全素生食」與「不食」，每一個階段，都是為了讓身體與心靈更淨化。

　　「無肉」（吃素），我們都不陌生，現在很多團體都在推廣吃素，台灣吃素的人口比例也越來越高。但是，你知道為什麼要吃素嗎？應該如何正確地吃素？在瑜珈裡，身體是很重要的，因此，瑜珈人非常重視身體的健康，唯有身體健康，心靈才能夠擁有足夠的能量；唯有簡單自然的食物，才能保養身體與滋長心靈。而健康的吃素會讓我們避免掉一些不健康的食物。

　　LULU老師曾經試過吃半年的全素，不吃肉，但後來發現，當時因為沒有一些配套措施，像是攝取維他命、鈣質、蛋白質等等，最後我的身體並不舒服。所以後來我改成吃白肉（魚、雞，海鮮），盡量不吃紅肉。紅肉會造成身體的負擔，所以我幾乎是不吃的。LULU很愛吃鮭魚、鯛魚、鱸魚，不論是乾煎，或是在外面吃小火鍋，我都會選魚肉

的小火鍋。不過，這並不適用於每一個人，所以大家可以參考自己的狀況去做調整。

如果沒有痛風的話，我倒是建議愛吃肉的人不妨改以植物性蛋白質為主，例如豆乾、豆漿、豆腐之類。瑜珈飲食也主張多吃天然食材，也就是指不加工的食材，因為天然ㄟ尚好嘛！

另外，在瑜珈飲食中，食物分成三大類：「變性食物」、「惰性食物」與「悅性食物」。這是依照食物本身的能量分類，顧名思義，「變性」與「惰性」對人體是負面的食物，而「悅性」則對人體有益。

「變性食物」，指的是較刺激及影響情緒的食物，例如：太辣或太鹹、含尼古丁或咖啡因的食物、飲料、精製糖、汽水等，這些都是變性食物。常食用這類食物，會干擾人的情緒，使心緒不安或亢奮，長期靠這類食物刺激自我，會導致身心失衡不快樂。

「惰性食物」會讓身體產生惰意，容易有疲倦感，感覺身體沉重。像肉、菇、蛋、藥品、酒精、過度烹煮(如煎、烤、發酵品、添加防腐劑)等的食物皆是。長期食用時會使人懶散、遲鈍、喪失行為動機，嚴重時會甚至會引起慢性病與憂鬱症。

在瑜珈飲食中，「悅性食物」可以使身體保持活力，消除壓力與疲勞、穩定情緒、淨化心靈，使人產生愉悅感，保持頭腦清晰，平衡心理與神經系統。這類的食物是天然的，包含新鮮蔬菜水果、五穀雜糧類、豆類、堅果類、花草、蜂蜜等來自大自然中的食物。這類食物容易消化、吸收，能提供人充足的營養與能量。

至於瑜珈中的「不食」，一般人則比較少接觸。「不食」的概念

類似「斷食」，其用意都是在讓身體的消化系統在經過長時間的工作後，稍做休息，一來可以讓身體得到完全淨化的作用，二來降低消化系統的負擔，但因在執行上對身體稍具危險性，因此LULU老師並不建議自行操作，還是要經由專業及有經驗的人帶著你一起來做，會較為安全、有效。

神秘瑜珈斷食法

　　人體有很強的自然治癒力，醫生用藥或打針，只能加強身體的自然治癒力。但疾病不能只靠藥物，必須依賴自身的活力才行。斷食療法就是以消耗體內積存的脂肪，排除沉積的毒素，使人體充分發揮自然治癒力，達到強身延年的目的。

　　實施斷食一定要循序漸進，不能莽撞。但是我個人覺得比較好的方法，其實是「減食排毒法」。其實斷食最早源自於東方：通過斷食和減食，以達到排除體內毒素，治療疾病的一種方法。但是減肥的目的不同，所以應該是減少攝取含脂肪、糖類和熱量高的食物。此外，膽固醇含量高的食物也應該少吃，多吃纖維素多的食物。一個星期一次「減食排毒」，其實就能達到瘦身的效果。而LULU現在還是會一星期選擇兩天，每一天選擇一餐只吃少量的蔬菜或水果、蔬菜汁，來維持我的身材，而且也有助排便。

LULU曾因為宗教原因而試過禁食（同斷食）。第一次斷食為期三天，另一次斷食為期一天。排出來的大便是深色的，也就是身體裡的宿便。三天九餐的斷食過程中，要從前一天就開始減食，第二天、三天斷食，第四天吃粥，慢慢再開始正常飲食。不過我並不贊成為了減肥而斷食，因為那並不是正確的減重方式！

　　此外，瑜珈人也提倡：

定食定量：讓身體保持規律的運作。

　　每餐只吃七八分飽。不要吃到全飽，留點空間給胃進行消化工作。

　　每一餐避免吃過多種類的食物。這會造成消化系統的負擔。

　　用餐時要保持愉快的心情。

　　如果你現在的飲食習慣與上述有很大的出入，建議你慢慢的改善，千萬不要急著在短短幾天內改變。你不妨跟LULU老師一樣逐漸來調整，先從不喝飲料開始做起！習慣不是一朝一夕養成的，給身體與心理足夠調整的時間，持續有恆地改變，對於減重才真的有效，才可以永不復胖！

獨家補救秘方

大吃大喝後的

Chapter 10

吃了就算了 補救才重要

冬 天到了，LULU老師很愛吃火鍋，尤其是日式小火鍋！不自覺就會吃得太多！有時候嘴饞，一星期可以吃上好幾次！每次吃完，心裡就會很有罪惡感！尤其是朋友聚在一起，吃麻辣鍋最可怕，通常都是約在宵夜、接近睡覺的時候。後來，朋友就教我進食前吃甲殼素，但是要喝很多水。我試過之後發現，隔天果然排便比較順場！後來我就發現，大吃大喝之後，一定要去找一些方法來對付吃進身體的過多熱量，把多餘的熱量排出來。這樣，就不容易復胖了！

LULU老師也是一般人，只要是人，就難免會鬆懈，尤其是面對山珍海味的大餐當前的時候！口腹之慾的誘惑實在是很難抗拒的，因此，很多人減肥經常功虧一簣，問題就在於「大吃大喝」。

每當有久不見面的親戚來訪、好友聚餐，又或是節日慶典、婚喪喜慶，大吃大喝一頓，在所難免！很多人要不然就是在昧著良心大吃一頓之後，失去鬥志地說：「唉！又破功了！」然後乾脆放棄減肥，自暴自棄、繼續亂七八糟地亂吃，然後把前面好不容易減下去的體重，連本帶利又全都肥回來。要不然，就是心裡想著：「算了！今天先大吃一頓，明天再開始減肥好了！」

這樣子的減肥觀念，是永遠也難以成功的！因此，LULU老師要在這邊強調一個很重要的觀念，那就是：雖然大吃大喝不健康，但是如果事情發生了，絕對不要有罪惡感，補救比較重要！

很多減肥的人克制不了食慾衝動，每每在大吃一頓之後，就去廁所催吐、或是心情沮喪。催吐是一個很不健康的舉動，不但會把胃給搞壞，長期催吐的結果，甚至會讓胃酸把食道也燒壞，造成食道出血等難以挽回的傷害。我身邊就有這樣的朋友，每次吃完東西就去廁所把食物「挖掉」，非常不健康；所以，催吐是萬萬不可的！LULU老師以前也曾經想過要催吐，還好我是屬於「吐不出來」的那種人，因為我覺得那實在是太噁心了！後來我發現，其實罪惡感對於減肥一點幫助也沒有，除了造成心理上的負擔，傷害自己之外，對於減肥一點也沒有正面的幫助！

因此，我們應該瞭解，大吃大喝後，雖然體重在剛吃飽時看起來變多了，事實上真正的發胖是在兩、三天後才會開始，大吃大喝之後，只要在第二天做一些補救的措施，還是可以避免多吃的熱量，依附到我們的身體上來！因此，與其以罪惡感折磨自己，不如積極地正面思考，在第二、第三天多做努力，才是最有效的！

狂吃後熱量破解絕招

那麼，我們應該怎麼做呢？以下，是LULU老師獨家的「大吃大喝之後」秘方：

吃大餐前 甲殼素打底

甲殼素是近幾年來十分流行的健康食品，它的主要功能就是能夠把油脂包覆，然後排除體外。因此，在吃大餐前，不妨吃一些高纖食物及甲殼素，讓身體比較有飽足感，面對大餐時，也可以自然地少吃一些。而且，高纖有助於加速腸胃蠕動，甲殼素可以幫助降低油脂吸收率，是吃大餐前必備的聖品！

至於說到甲殼素的品牌，市面上有各式各樣的甲殼素健康食品，我習慣吃FANCL「芳珂」的「甲殼質錠」，（可以去芳珂的專櫃，或是大型超市都買得到，有些康是美也有得賣，但不是每間都有。）一包120顆，一日份量是4顆，分成兩餐吃。但是，一定要記得配合攝取大量的水分，不然很容易便秘喔！我一向比較喜歡亞洲的健康食品品牌，尤其偏愛日本出產的，因為比較適合東方人體質。還有一個原因就是錠片做的比較小，比較好吞食。「芳珂」也是日本品牌，他的維他命還蠻有名的，我覺得效果還不錯。

吃大餐後，喝鹼性飲品

　　鹼性飲品可以調整我們身體的酸性，讓我們比較不容易肥胖。鹼性的飲料包括：檸檬汁、葡萄柚汁、醋水、氣泡水等等，像法國女人為什麼胖子比較少？就是因為她們愛喝氣泡水。現在，國內也買的到像「沛綠雅」等氣泡礦泉水，在大餐後喝一點，有助於平衡身體。

　　另外LULU老師也推薦「芳珂舒暢補給站」，喝完之後，隔天排便會非常順暢喔！通常在大餐後的晚上吃一包，攪拌300cc的水。記得，必須在睡前一小時吃，因為離睡覺時間太近的話，可能會一直起來上廁所，或是隔日早上睡醒之後有點水腫。因為這個飲品裡面含有甜菜根纖維，可以幫助我們排便順暢。這對便秘者也很有效！

大餐後的隔天 吃「大餐後食譜」

　　LULU老師設計的「大餐後食譜」，除了讓身體在吃大餐之後好好地休息之外，也運用排毒果汁將身體多餘的熱量、毒物排除。一定要照做喔！

早餐

排毒果汁一杯＋茶葉蛋一個

排毒果汁材料及作法： 半顆蘋果、50cc不含糖優酪乳、菠菜3~4葉、蜂蜜少許、枸杞20顆、100cc低脂牛奶，打成一杯綜合果汁。

午餐

一顆蘋果＋精力湯或豆漿。（可以到生機飲食店買現成打好的精力湯，或是在家自製精力湯。）

精力湯材料及作法：

A、芽菜類： 苜蓿芽、綠豆芽、紅豆芽、豌豆芽、蘿蔔嬰…等，任選1~3種，做為精力湯中酵素與少量醣類的來源。

B、蔬菜類： A菜、萵苣、高麗菜、胡蘿蔔、豆藷、青椒、地瓜葉…等，深色蔬菜任選1~3種，做為精力湯中維生素與礦物質及少量醣類的來源。

C、水果類： 柑橘、柳橙、蘋果、奇異果、鳳梨…等，任選1~3種，做為精力湯中維生素與礦物質及少量醣類的來源。（對了！要提醒各位愛漂亮的妹妹，如果妳的體質比較寒，水果就不要選用鳳梨，可以換別的喔！）

D、核果類： 南瓜子、松子、核桃、葵瓜子、杏仁、腰果…等，任選1~2種，做為精力湯中蛋白質與必需脂肪酸及少量醣類來源。

E、海藻類： 海帶芽、紅海藻、紫菜、海苔…等，任選1種，做為精力湯中礦物質與微量元素的來源。

F、小麥胚芽、啤酒酵母粉： 做為均衡、互補各類食物的基礎，富含醣類、蛋白質、必需脂肪酸、維生素與

礦物質。

　　LULU老師通常都自己做精力湯，一次做500cc，可以自己斟酌喜歡的蔬果、原料去做選擇。其實很多人看到這一份精力湯的材料，難免會心想：哇！這喝起來會不會很噁心啊？其實，我覺得還蠻好喝的！我也常打給瑜珈班的學生喝，大家都說很好喝喔！因為我們的味覺是可以訓練的，當妳習慣吃一些化學材料的重口味後，妳對食物的原味就不太敏感；但是，如果妳習慣吃食物的原味，妳會發現，其實食物的原味是很甜美的！我打的精力湯通常水果份量比較多，所以喝起來甜甜的，蠻好喝，大家可以就自己的口味斟酌份量，不用太拘泥！

　　另外，LULU老師在這邊當然也要解釋一下精力湯的功效囉！這份食材可以增強體力、加速體內新陳代謝，也可以增強身體的免疫系統、預防疾病產生。同時，對於清肝、解毒、以及分解不必要的脂肪，都很有功效喔！減肥時喝精力湯，是補充營養、幫助減肥非常好的食品。

晚餐

排毒果汁一杯OR蔬菜湯一碗

蔬菜湯材料及作法：將一小塊山藥、花椰菜4~5片、紅蘿蔔一小塊、排骨一塊，以小火燉煮燜爛後即可。也可改換自己喜歡的蔬果如蕃茄、菠菜等。）

　　看到沒，即使在減肥期間很罪惡地去吃了大餐，也要告訴自己：這不是十惡不赦的事，千萬不要放棄！照著LULU的方法，做好餐前餐後的準備，最重要的是，用積極正面的心態面對自己。有信心、有毅力，養成良好的飲食習慣，才能真正控制自己的體重，改變身形。偶爾吃多了，也要記得事後之後讓腸胃好好休息。當然，面對大餐當前，最好是能不暴飲暴食，以免把腸胃搞壞囉！

長肌肉v.s.圓肌肉

美麗曲線的4個關鍵

Chapter 11

之前，我曾經提過，我在初期接觸練瑜珈時，其實體重並沒有什麼變化，可是看到我的朋友，卻都異口同聲地說：「LULU，妳變瘦了！」這到底是什麼緣故呢？其實道理很簡單，那就是因為我的肌肉線條改變了！

一般的胖妹妹，身體的肌肉線條是圓形的，尤其是臂膀、腿部、腰部，看起來都是圓圓的！因此，我將它稱之為「圓肌肉」。而瘦子，肌肉的線條看起來則是長型，我則稱之為「長肌肉」。要把圓肌肉變成長肌肉，重點就在於「姿勢」的改變。不要小看日常生活中一舉一動的姿勢，這正是影響你體態的重要關鍵！更是幫助你在無形中減肥、雕塑出美麗身材的一大要點！接下來，LULU老師就要教導你一些簡單的姿勢，讓你把圓肌肉變成長肌肉！

站著變美－站姿

我們一天生活中，站的時間相當多，工作、等車、洗碗、煮飯⋯⋯幾乎都免不要了要原地站立。可是，你會發現，很多女孩子，站立的時候，常常使用錯誤的站姿。

以下，是幾種常見的錯誤站姿：

三七步

模特兒般的三七步，看起來很好看，實際上卻是重心不平均的一種站姿，它很容易讓你在站立時，將重心放在其中一隻腳上，造成你承受重心較多的那一隻腳的肌肉比較肥大，也容易讓你的單邊臀部側邊肥大。

翹屁股

有些女生在站立時，習慣把重心放在前腳尖，或是腳掌前端。這時候，臀部會往後翹起，然後胃部卻往前突出。這種站姿很容易壓迫到脊椎，久而久之，會造成背痛、腰痛，也會影響身體曲線。

駝背

駝背的女生，雙肩下垂，脊椎同樣處於被壓迫的位置，腹部的肌肉就會變短，長時間下來，肚子就會跑出來。

重心放在腳跟

這種站姿容易變成屁股往前移，臀部肉會下垂、大腿粗壯。

因此，正確的站姿應該是：

輕鬆地抬頭、挺胸，腰部挺直，重心均勻放在兩隻腳的中間，不偏左，也不偏右。雙腳稍微打開，寬度與兩肩平齊，臀部不前移，胃部不外凸。這種站姿才能讓身體處於平衡的狀況，避免肌肉變形。再配合腹式呼吸法——知道嗎？這樣就連站立不動的時候也能減肥喔！

另外，附帶一提，穿「高跟鞋」，常常是女性腿部水腫的元兇之一！

喜歡穿高跟鞋的女性，常常會因為腿部肌肉過於緊繃，血液循環不良，造成腿部的水腫，甚至全身水腫！LULU老師在這裡，也要附帶教導大家如何正確地穿著高跟鞋。

正確穿著高跟鞋姿勢

穿著高跟鞋時，走路的重心要均勻的放兩腳之間，而身體的重心則要放在腳掌中心。記住，重心絕對不可以放在腳尖或腳趾頭上。也不可以因為怕跌倒，而

把重心放在腳跟上。當然，內八字走路也是一定要避免的，因為以上這幾種錯誤的姿勢，都容易造成蘿蔔腿、大腿變粗、臀部變大。

另外，一定要選擇合腳的高跟鞋。腳趾無法平穩放在鞋

The high-heeled shoes lets you become beautiful also let you become fat.

內的高跟鞋和會弓起、蜷縮的高跟鞋也絕對不要穿，因為這會讓你的腿部肌肉緊繃。好的高跟鞋應該是：腳弓要跟鞋底貼合、楦頭大小與腳寬恰好合適、站立時鞋身不能晃動。太軟的、站起來會搖晃的、太窄或是太寬的高跟鞋，都不應該選購。

最後，無論這一雙高跟鞋多麼地舒適，每星期一定要給自己一、兩天的「平底鞋日」，穿平底鞋外出走路，讓辛勞的雙腳能夠好好休息。

坐著瘦身─坐姿

現代社會人人忙碌，長期坐辦公桌的上班族，時間久了，脂肪也不自覺地累積上身。尤其「下半身肥胖」是很多人的共同煩惱！屁股、大腿，都是久坐不動的上班族最容易囤積脂肪的部位。如果坐姿不佳，除了累積墜肉之外，還會引發許多如脊椎痛、腰痛等等的健康問題。因此，坐姿的確是很重要的一環，值得好好注意一下。

正確的坐姿

究竟甚麼樣的姿勢，才是正確的坐姿？上班期間如何以一些簡單的瑜珈動作來雕塑自己的身材呢？就讓LULU老師一一為您解惑囉！

首先，我們鼓勵上班族，每隔一小時，最好要站起來走動走動，無論是走去倒杯水、上個廁所，或是伸個懶腰，都比一直不動要來得好！要知道，我們的肌肉一直處於同一個動作的緊繃狀態時，很容易痠痛疲勞，所以一定要站起來鬆弛一下，千萬不可以8個小時都坐在辦公椅上，長期下來，不但會腰酸背痛，下半身循環也會變差、代謝不良！另外，如果有時間，可以配合練習腹式呼吸，讓你在不知不覺中，強化腹部的肌肉。肌肉收緊了，自然小腹及水桶腰就不見了！

電腦族也要注意囉！打電腦時，必須要將背部伸直，手肘自然下垂，肩頸放鬆，才不會容易緊繃而痠痛。切忌駝背、彎腰地勾個頭在電腦前面埋頭猛幹，久而久之，會造成脊椎變形以及腹部外凸！在你挺起背部的時候，身體肌肉的線條也會跟著拉長喔！

在這裡，我要跟大家分享一個肌肉小秘密！大多數的人都以為，要變瘦就必須拼命運動，其實如果沒有適當地放鬆並延展肌肉，不當的運動反而會讓你的肌肉變成「小圓麵包」喔！這也就是我說的「圓肌肉」！圓肌肉會讓你看起來更胖。所以，如果要讓自己的身體線條看起來瘦長，很重要的一件事，就是必須從腹部的力氣延展四肢的肌肉！所以，有些關節，例如手肘在打電腦時必需放鬆，只有如此，才能延展肩頸肌肉讓線條更長。另外最好在腳下墊一個小凳子或者是幾本書，這樣能減少腰部負擔及腰痛的機率。

以下，LULU老師為大家介紹幾個簡單的動作，讓大家在上班時，也能不知不覺的瘦身喔！

上班族輕鬆瘦身瑜珈

背後祈禱式

動作：雙手往後交扣在腰部位置，手肘往後延展，保持呼吸1到2分鐘。

功效 刺激腋下淋巴，並延展手臂及背部肌肉。

辦公室版椅子式

動作： 雙腳平行踩地，背部略略往前傾並延展上提，臀部微微離開椅子，雙手往上延伸，眼睛看天花板，保持呼吸1分鐘。

功效 消除大腿及臀部贅肉，緊實肌肉。

單抱腿

動作： 背部延展伸直，雙腳平行踩地，吸氣！右腳膝蓋靠近胸口，雙手環抱膝蓋保持呼吸1分鐘，再換邊做一分鐘。

功效 延展大腿後側肌肉，美化大腿線條，並消除腰痠。

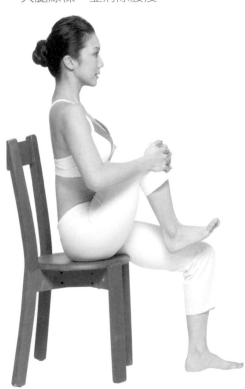

提腳式

　　背部延展伸直，雙腳平行踩地，膝蓋併攏，吸氣同時雙腳板離地，停留30秒重複三次。

　　功效 緊實腹部肌肉，使小腹平坦。

睡出美麗體態—**睡姿**

正確的睡姿

我們都知道，睡覺的時候，全身肌肉是放鬆的。可能有些人會覺得奇怪：全身都放鬆、睡著了，怎麼還有姿勢可言？事實上，睡覺的時候，的確全身肌肉都會放鬆，造成脊椎在躺著的時候，會受到很大壓迫，導致晚上睡覺時被拉開。因此，為了避免脊椎受到壓迫，LULU老師建議大家在睡覺時，盡量採取「右側睡」。根據研究指出，右側睡時自律神經較為協調，不會壓迫到左側心臟，脊椎跟肌肉會受到較少的壓迫，比較輕鬆。因此可以幫助肌肉延展，讓我們身體的線條看起來更為修長。

至於睡覺時的枕頭與睡墊，LULU老師習慣用一種水枕，第一是因為聽到水的聲音，會讓人比較安定。人類從在媽媽肚子裡就睡在羊水裡，因此水流聲是我們最早聽到的聲音，它可以促使我們的心靈寧靜。第二是因為水枕讓頸部有支撐點，可以增進頭部的血液循環。床墊的部分，醫生們通常不建議睡太軟的床墊，硬一點的床墊對於脊椎比較好。我自己也喜歡睡較硬一點的床，背部比較不容易痠痛。

改善姿勢的瑜珈動作

其實，在日常生活中，要讓自己的姿勢正確，還有一個很重要的地方，就是要訓練自己的腹部肌肉。現代人大部分的文明病，比如說腰痠背痛等，都是因為腹部肌肉不夠強健，用力時自然將重心落在背部而造成的。要改善姿勢或是疼痛，訓練我們的腹肌就很重要。而鍛鍊腹肌，自然也可以去除小腹，擁有美麗的腰部線條。

因此，LULU老師也要教
大家幾個瑜珈姿勢，讓
你腹部更有力、改善腰背
疼痛，雕塑腹部線條。

椅子式

1.吸氣，雙手往兩旁張開，
手肘往上伸直，手心朝
內，手臂貼近雙耳。

2.吐氣，雙腳膝蓋彎曲，上
半身可微微往前傾（依個
人自然脊椎曲線而定），
讓脊椎可保持延展。

3.肋骨及尾骨往內微微收
起，眼睛直視斜前方，保
持呼吸，停留10~30秒。

4.吸氣，雙腿慢慢往上站
直，吐氣，手慢慢放回身
體兩旁。

橋式

1. 上半身平躺於地面，雙腳膝蓋彎曲，兩腳開度約與骨盤同寬，腳板平行並平貼地板，雙手手心貼地，腳板與身體的距離以手指微微碰到後腳跟為準。

2. 吸氣，將臀部往上提起，直到背部完全離地成拱形，肩膀抵住地面；頭部保持在中間，不歪斜。

3. 雙手往裡相握吐氣，雙手慢慢解開，放回身體兩旁，肩膀往頭的方向移動，從上背、中背、下背一節一節將身體放回地板，最後才將臀部放回地面。

4. 上半身維持平躺，雙腳膝蓋彎靠近身體，用雙手抱住雙腳膝蓋，雙手輕壓雙腳，並左右搖晃一下身體，以紓緩背部的壓力及緊繃。

1

2

3

1

2

🌹 噴泉式

1. 雙腳微微張開，開度約與骨盤同寬，身體重心放在腳底。

2. 吸氣，雙手往外張開，手肘拉直，於上方合掌，手臂高舉過頭並貼在耳朵兩旁保持呼吸。頭略略抬起，眼看上方，全身有向上延伸的感覺。

3. 吐氣，上半身微微往後延伸。

4. 每一次吸氣延伸你的上半身，每一次吐氣讓上半身更往後彎。

5. 最後吐氣，頭慢慢回正，雙手放於身體兩側。

It's easy to have perfect body shape

LuLu

搶救身材戰鬥營 & 減肥教室一日體驗班　讀者體驗募集!!

搶救身材戰鬥營

內容：　LuLu老師親自傳授瘦身心得、經驗及現場示範

場次：　每一場次分二天上完，每天一小時，共計二小時

人數：　每一場次只收10名讀者；兩場共計20名

時間：　暫定於2007年3/17~3/18(台北A場)、2007年3/24~3/25(台北B場)

地點：　LuLu的嗎哪瑜珈教室

參加對象：只要是本書讀者，購買後傳真或寄回背面之報名表，均可報名
　　　　　(但如報名人數過多，將以抽籤方式決定，額滿即截止報名)

衣著：　請自備適當之服裝

配備：　相關瑜珈器材，LuLu老師教室負責提供

費用：　完全免費

贈品：　每位讀者均可獲得礦翠涵鈣完鎂礦泉水1瓶、Legere 寒天低卡拉麵1
　　　　包、及其他小禮品。

減肥教室一日體驗班

內容：　瘦身心得討論及瑜珈動作示範教學、讀者發問

場次：　全省預計舉辦台北、高雄各一場，每場預計二小時

人數：　每場視活動場地大小預計約30~50名讀者

時間：　暫定台北場2007年4/7、高雄場時間未定

地點：　台北誠品旗艦店(暫定，詳細地點再行通知)

參加對象：　只要是本書讀者，購買後傳真或寄回背面之報名表，均可報名
　　　　　(但如報名人數過多，將以抽籤方式決定，額滿即截止報名)

衣著：　請自備適當之服裝

配備：　相關瑜珈器材，LuLu老師教室負責提供

費用：　完全免費

贈品：　每位讀者均可獲得礦翠涵鈣完鎂礦泉水1瓶、Legere 寒天低卡拉麵1
　　　　包、及其他小禮品。

以上兩項活動，報名截止日期2007年3月10日止

相關活動訊息洽詢：(02)8771-6611#55

讀者報名回函表

露露胖公主變身記 LuLu

姓名：＿＿＿＿＿＿＿＿＿＿＿　身分證字號：＿＿＿＿＿＿＿＿＿＿

生日：＿＿＿年＿＿＿月＿＿＿日　性別：□女 □男

電話：＿＿＿＿＿＿＿＿＿＿＿　Email：＿＿＿＿＿＿＿＿＿＿

聯絡地址：＿＿＿＿＿＿＿＿＿＿＿＿＿＿＿＿＿＿＿＿

職業：□學生 □軍公教 □服務業 □金融 □製造 □媒體 □貿易 □自由
　　　□其他 ＿＿＿＿＿＿＿＿＿＿

年齡：□18歲以下 □18-28歲 □28-38歲 □38-48歲 □48歲以上

購買本書動機：□封面好看 □題材有趣 □內容充實 □贈品吸引 □作者

購買本書地點：□金石堂 □誠品 □博客來 □傳統書店 □便利商店 □學校書店
　　　□其他 ＿＿＿＿＿＿＿＿＿＿

妳對這本書的建議：＿＿＿＿＿＿＿＿＿＿＿＿＿＿＿＿＿＿＿＿
＿＿＿＿＿＿＿＿＿＿＿＿＿＿＿＿＿＿＿＿＿＿＿＿＿＿＿＿＿＿

妳希望能多出版哪一類的書、誰的書？＿＿＿＿＿＿＿＿＿＿＿＿＿
＿＿＿＿＿＿＿＿＿＿＿＿＿＿＿＿＿＿＿＿＿＿＿＿＿＿＿＿＿＿

□ 我要參加【Lulu春季讀者限定 搶救身材戰鬥營】＿＿＿＿＿（A或B）

A. 台北場(嗎哪瑜珈教室) 3/17~3/18 　　B. 台北場(嗎哪瑜珈教室) 3/24~3/25

※因場地有限，每場限額10名讀者

□ 我要參加【Lulu減肥教室1日體驗班】※台北場、時間地點另行通知

　　請填妥資料剪下回函傳真至(02)2776-1115，或直接寄回：台北市光復南路280巷23號4樓 趨勢文化行銷部收，就有機會請Lulu老師為妳搶救身材、甩掉肥肉，僅此一次，動作要快！

報名前請同意下列聲明並簽名，否則視同報名無效

聲明 1. 本人同意如報名人數已額滿，向隅者將不另行通知。

　　 2. 本人確實希望能參加此活動，除非額滿，否則簽名即視同參加活動之承諾，不得隨意放棄。

　　 3. 如遇Lulu老師及場地等問題臨時有任何更動，將會一一通知已報名之讀者。

活動洽詢專線：02-87716611#55　　　本人同意，簽名＿＿＿＿＿＿＿

manna yoga
嗎哪瑜珈

LuLu的瑜珈天堂～
嗎哪瑜珈 Manna Yoga

嗎哪瑜珈是由『女人我最大』瑜珈達人－lulu老師一手
成立的瑜珈教室，教室內所有課程皆採小班制分班教
學，提供多元化的瑜珈課程。

- 入門、初級課程－適合初學者

- Flow1、2課程－適合已有基礎瑜珈經驗

- 主題式的瑜珈課程，午餐瑜珈、舒壓瑜珈、兒童瑜珈、
窈窕瑜珈等。

讓學員們在最安全及舒服的情況下，體驗瑜珈的神奇之處。

課程費用包含礦泉水、養生花茶、毛巾。附設停車位。

網址：http://www.mannayoga.com.tw
地址：臺北市敦化南路一段187巷20號1樓
（捷運忠孝敦化站5號出口）
電話：02-8771-0392
傳真：02-8771-0452
E-mail：god@mannayoga.com.tw

國家圖書館出版品預行編目資料

LuLu胖公主變身記
從70kg大肥女到當紅性感瑜珈天后/Lulu著
初版一臺北市：趨勢文化出版2007[民96]
面；公分一(GRACE瘦美人；1)

ISBN 978-986-82606-1-0(平裝)
1.減肥

411.35   96000377

趨勢文化
出·版·有·限·公·司

GRACE瘦美人01

LuLu胖公主變身記

——從70公斤大肥女到當紅性感瑜珈天后

作　　者— Lulu

發 行 人— 馮淑婉

副總編輯— 熊景玉

媒體督導— selena

行銷公關— 馮容瀞

出版發行— 趨勢文化出版有限公司

　　　　　台北市光復南路280巷23號4樓

　　　　　電話◎8771-6611

　　　　　傳真◎2776-1115

文字協力— 陳安儀・joe

攝　　影— 黃天仁攝影工作室

商品攝影— 杜貞治

部分照片提供— LuLu

化妝、髮型— 魏子皓

封面設計— R-one studio

內頁設計— 李建國

海報設計— 陳筱璇

校　　對— joe・LuLu・selena

後製協力— 五餅二魚文化事業

初版一刷日期— 2007年1月31日

法律顧問— 永然聯合法律事務所

讀者服務電話◎8771-6611#55

ISBN◎978-986-82606-1-0

Printed in Taiwan

本書訂價◎新台幣 260元

美神"吳玟萱偷偷從明星藝人
業大師身上
近500種 **"內行口碑品"** ，
前保養品，到上妝工具、
、打底、遮瑕、眉眼睫唇…
時2年從2000多種推薦品中
試用淘汰後歸納出的 **精選品** !!
就算技巧再差，
也比別人強一倍 !!

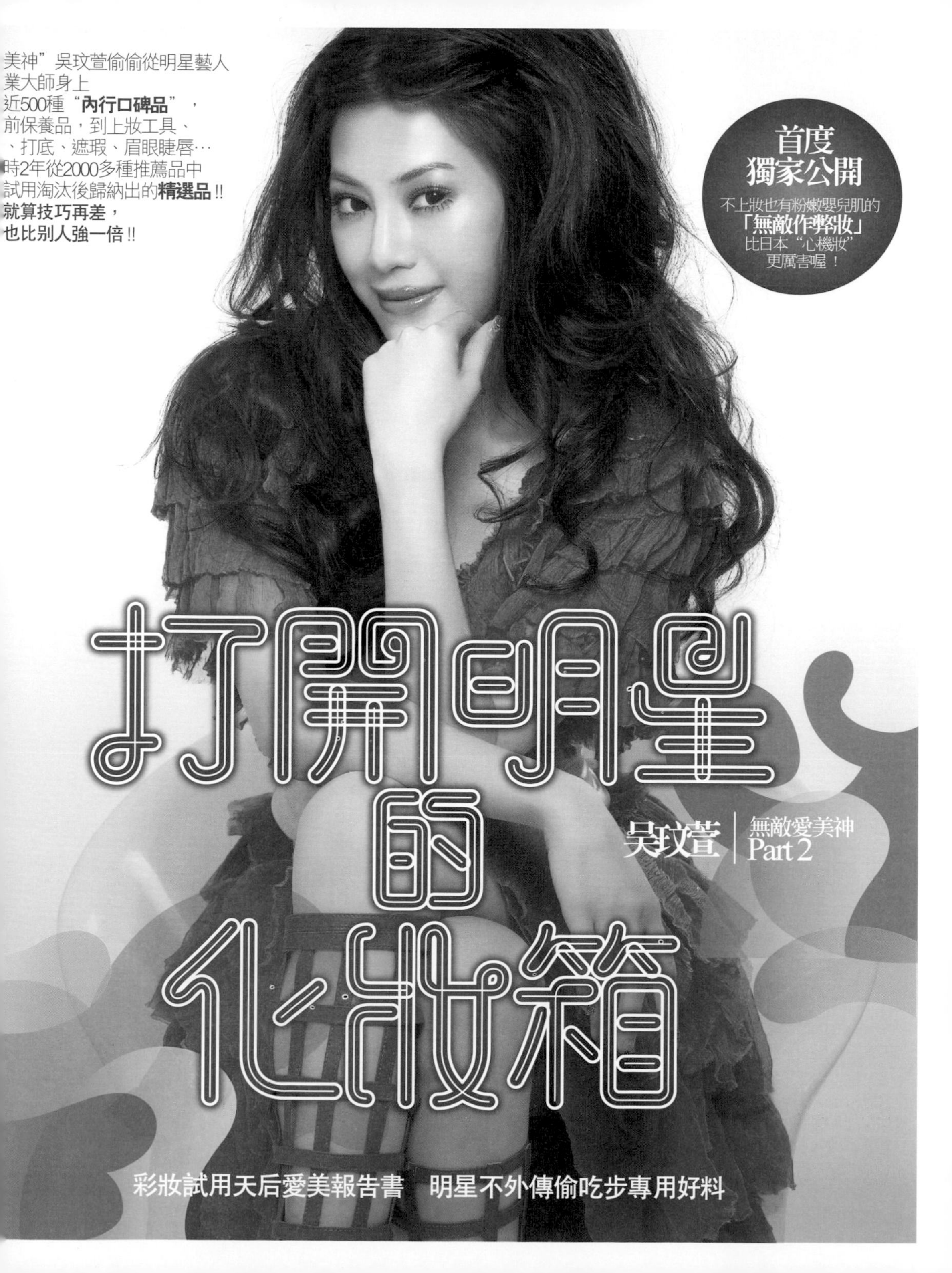

打開明星的化妝箱

吳玟萱｜無敵愛美神
Part 2

彩妝試用天后愛美報告書　明星不外傳偷吃步專用好料

伊能靜

美麗教主
之變臉天書

ISBN 9868260060-4